CLIMAT ENVIRONNEMENT ÉNERGIES

30 idées reçues pour démêler le vrai du faux

Issues de la tradition ou de l'air du temps, mêlant souvent vrai et faux, les idées reçues sont dans toutes les têtes. Les auteurs les prennent pour point de départ et apportent ici un éclairage distancié et approfondi sur ce que l'on sait ou croit savoir.

Le Cavalier Bleu
EDITIONS

sommaire

Terre malade ? État des lieux

Des pays face au défi climatique

L'avenir de la planète : quelles perspectives ?

Annexes

** Les mots signalés par un astérisque renvoient à un glossaire en fin d'ouvrage.*

Terre malade ? État des lieux

« L'effet de serre, c'est le résultat de l'activité humaine. »

Nous devons rester sceptiques quant au fait que les gaz à effet de serre sont causés par l'humanité ou de causes naturelles.

George W. Bush, 2006

L'expression « effet de serre* », naguère réservée aux spécialistes, est tombée dans le domaine public. Cela ne va pas sans confusions, et la première est celle énoncée dans cette idée reçue. Car il faut s'entendre sur ce qu'est vraiment l'effet de serre : s'agit-il d'un effet artificiel, à l'instar de celui produit par les jardiniers cultivant des végétaux tropicaux dans une cage de verre, ou d'un phénomène naturel ? Pour éclairer cette question, il faut d'abord parler… de la lumière !

Notre œil n'est sensible qu'aux rayonnements électromagnétiques de longueur d'onde comprise entre 0,4 et 0,7 microns environ, ce qui constitue précisément la lumière visible*, au maximum d'intensité du rayonnement solaire. Le spectre d'émission* du soleil est lié à la température qui règne à sa surface, proche de 5 900 °K*. Tous les corps rayonnent, mais la composition du rayonnement émis change en fonction de la température. Un objet chauffé ne commence à émettre un rayonnement visible qu'au-dessus d'une certaine température. La couleur de la lumière émise passe du rouge au jaune à mesure que sa température s'élève. À l'inverse, quand il se refroidit, l'émission lumineuse cesse, mais le rayonnement persiste dans l'infrarouge*, invisible pour nos yeux, de longueur d'onde d'autant plus élevée que sa température est basse.

Après avoir tourné autour de la serre, pénétrons-y. Une serre de jardin possède des vitrages qui, comme l'atmosphère, laissent passer la lumière visible, mais empêchent la sortie du rayonnement infrarouge émis de l'intérieur de la serre, capturant ainsi une partie de la chaleur absorbée, d'autant mieux que l'air chaud et humide qui s'y trouve ne peut sortir. La température de la serre s'élève jusqu'à l'équilibre entre le rayonnement visible entrant et le rayonnement infrarouge, invisible, émis par la serre. C'est aussi ce qui se produit dans une voiture exposée au soleil, vitres fermées. En plein air, chacun peut ressentir l'effet de serre atmosphérique, en comparant la douceur des nuits nuageuses à la fraîcheur des nuits claires. À l'inverse, la clarté de l'air explique l'écart de températures entre le jour et la nuit dans le désert. Cette dernière remarque nous suggère que tous les gaz présents dans l'atmosphère ne participent pas également à l'effet de serre.

90 % du rayonnement infrarouge émis par la surface terrestre est absorbé dans l'atmosphère, qui reçoit deux fois plus d'énergie du sol que du soleil. Elle rayonne à son tour, à une température inférieure à celle du sol, dans toutes les directions, vers l'espace, mais aussi vers les couches d'air plus basses. L'effet de serre exprime le fait que certains gaz présents dans l'air retiennent une part du rayonnement infrarouge terrestre, dont seulement 60 % s'évade finalement vers l'espace. L'atmosphère est formée à 99 % d'azote (N_2) et d'oxygène (O_2), molécules diatomiques qui n'absorbent pas le rayonnement infrarouge, mais diffusent la lumière visible (ce qui donne au ciel sa couleur bleue). Les gaz à effet de serre*, dotés de trois atomes ou plus, absorbent l'infrarouge. Ils comprennent la vapeur d'eau (H_2O), le gaz carbonique ou dioxyde de carbone (CO_2), l'ozone* (O_3), le méthane (CH_4), et quelques autres (oxydes d'azote, CFC, etc.). Ils sont présents en quantité infime, au total moins de 1 %. La vapeur d'eau fournit la plus grande contribution à l'effet de serre, mais son temps de

résidence dans l'atmosphère n'est que de quelques jours : le cycle de l'eau* (évaporation, condensation, précipitation) est rapide, l'eau ne s'accumule pas dans l'atmosphère. Par contre, le gaz carbonique y a une durée de vie beaucoup plus longue, de l'ordre de deux cents ans. Le CO_2 rejeté par les activités humaines peut donc séjourner dans l'atmosphère et y exercer un effet durable. En clair, l'action de l'homme ne « crée » pas l'effet de serre, elle l'augmente.

La température moyenne de la Terre, calculée à partir de l'équation du bilan radiatif*, est de 15 °C. Toutes choses égales par ailleurs, si tout le rayonnement infrarouge terrestre s'échappait vers l'espace, la température moyenne serait de -18 °C. Ceci revient à dire que l'effet de serre naturel élève la température moyenne annuelle globale de la Terre de +33 °C. Sans effet de serre, toute l'eau sur la Terre serait gelée. En fait, la surface des océans et des continents serait couverte de neige ou de glace, l'albédo* serait donc supérieur à 30 % et la température de la Terre serait encore plus basse ! Vive donc l'effet de serre naturel, qui rend cette planète habitable ! Mais surtout, qu'il n'augmente pas, car si davantage de rayonnement infrarouge reste piégé dans l'atmosphère et que la température moyenne de la Terre s'élève, il s'en suivra une cascade d'effets secondaires, en particulier sur le cycle de l'eau, qui va réagir en amplifiant ou en atténuant les effets de ces perturbations.

Il faut bien voir l'interdépendance de facteurs très divers dans l'équilibre du climat. Toute perturbation d'un élément du système provoque des réactions, mais aussi déclenche, accélère ou freine d'autres processus qui à leur tour modifient le système. Le terme de rétroaction désigne cette séquence. Une rétroaction peut être négative, c'est-à-dire qu'elle tend à s'opposer à la cause qui lui a donné naissance, ou positive, donc avoir un effet amplificateur, aggravant le déséquilibre initial. Par exemple, l'effet de serre additionnel élève la température des basses couches de l'atmosphère, qui peuvent donc emmagasiner davantage de vapeur d'eau, car plus l'air est chaud, plus il peut se charger d'humidité. Celle-ci va absorber une fraction supplémentaire du rayonnement infrarouge, ce qui va ajouter à l'effet de serre. C'est la rétroaction (positive) de la vapeur d'eau.

La rétroaction de la nébulosité est une des grandes inconnues du problème du changement climatique. L'effet de serre additionnel élève la température de surface de l'océan et des sols, ce qui augmente l'évaporation. L'humidité s'accroît, la condensation aussi, car la vapeur d'eau ne peut s'accumuler indéfiniment, et la nébulosité augmente. Les nuages réfléchissent le rayonnement solaire (rétroaction négative), mais ils absorbent du rayonnement infrarouge et renforcent aussi l'effet de serre (rétroaction positive). On ne sait lequel de ces deux effets l'emporte : il faudrait connaître la répartition spatiale et temporelle de la nébulosité modifiée, selon qu'il s'agira de nuages froids, hauts, formés de cristaux de glace et peu réfléchissants ou de nuages bas, épais et fortement réfléchissants.

De nouvelles observations sont nécessaires pour trancher cette incertitude. Mais quelques remarques simples peuvent être faites malgré tout. Les nuages atténuent le refroidissement nocturne par effet de serre, et le réchauffement diurne par l'effet parasol. Ceci explique que l'amplitude de température diurne est plus grande en été qu'en hiver. Avec le changement climatique, on devrait voir un accroissement de la nébulosité, donc un effet de serre plus grand, le jour et la nuit, et un effet parasol plus important, mais seulement le jour, évidemment. Dans ces conditions, on devrait observer un réchauffement nocturne plus important que le réchauffement diurne, autrement dit, une diminution de l'amplitude de la température entre le jour et la nuit : c'est bien ce que l'on constate actuellement.

Des nuits plus douces, pour des promenades romantiques au clair de lune ? L'accroissement de l'effet de serre par l'activité humaine, car c'est bien de cela qu'il s'agit, n'aurait donc pas que des mauvais côtés ? Certes, mais il serait bien imprudent de croire que le réchauffement climatique se limitera à répandre autour de nous l'agréable ambiance de la serre du Jardin des Plantes !

Jean-Louis Fellous

« L'Antarctique va fondre, et la fonte des glaces fera monter le niveau de la mer. »

La mer est salée parce qu'il y a des morues dedans. Et si elle ne déborde pas, c'est parce que la Providence, dans sa sagesse, a placé aussi des éponges.

Alphonse Allais, *À se tordre, 45 histoires chatnoiresques*, 1891

Si la Terre se réchauffe, comment ne pas penser que la première conséquence en sera la fonte des glaciers ? Et si c'est le cas, n'est-il pas naturel d'en conclure que le niveau de la mer va monter ? Devrions-nous alors suivre l'humoriste Alphonse Allais et nous lancer d'urgence dans l'élevage de ces animaux ?

Commençons par les effets du réchauffement sur les glaces. Aux latitudes polaires comme sur les plus hauts sommets, une élévation de température ne se traduira pas directement par une perte de masse des glaciers. Là où règne une température de -40 °C, une élévation de +10 °C sera sans autre incidence qu'un relèvement équivalent de la température superficielle de la glace. Il en ira autrement à moyenne latitude et à plus basse altitude, où la masse et la géométrie des glaciers seront directement affectées, d'autant plus rapidement qu'il s'agit de glaciers de petite taille. On estime que 30 à 50 % des glaciers de montagne pourraient disparaître d'ici 2100. D'autre part, il faut se souvenir que le réchauffement global s'accompagnera, de manière générale, d'une augmentation de l'évaporation et, par voie de conséquence, d'une accélération du cycle de l'eau*. Il y aura donc un accroissement des précipitations, principalement aux moyennes et hautes latitudes de l'hémisphère Nord, mais aussi sur l'Antarctique, où le retrait attendu de la banquise favorisera les pénétrations d'air humide. Le résultat en sera, contrairement à ce que l'on pourrait attendre, une augmentation, dans un premier temps, du volume des glaces des calottes polaires.

La situation est différente en ce qui concerne la banquise, ce que l'on appelle les glaces de mer. Les données acquises depuis 1972 par les satellites ont mis en évidence une diminution de la surface de la banquise arctique de près de 40 000 km^2 par an, soit -3 % par décennie. S'agissant de la fonte de glaçons flottant à la surface de la mer, ce phénomène ne contribue pas à l'élévation du niveau de la mer, mais il témoigne d'un réchauffement sensible de l'océan qui recouvre le pôle Nord. Un mot d'explication : la glace a un albédo* élevé, c'est-à-dire qu'elle réfléchit la plupart du rayonnement solaire. Par contre, la surface de l'océan en absorbe la plus grande partie. En été, chaque année, du fait du réchauffement global, une part plus importante de la surface marine se découvre. Cette surface absorbe davantage de chaleur que si elle était couverte de glace, et l'effet est d'accroître encore le réchauffement superficiel, donc d'accélérer la fonte de la glace de mer, d'augmenter la surface d'eau libre, et ainsi de suite. Ce processus amplificateur aboutira à une disparition de la banquise, avec des conséquences dramatiques sur la faune (ours polaire, phoque, morue arctique). La circulation maritime sera facilitée, l'accès aux ressources marines aussi, mais faut-il s'en réjouir ?

Le brusque effondrement d'une plaque de glace de 3 275 km^2, épaisse de 200 mètres, le 7 mars 2002, (ce bloc de 720 milliards de tonnes s'est détaché de la plate-forme Larsen, à l'extrémité de la péninsule antarctique), a surpris les chercheurs du British Antarctic Survey, qui constatent une accélération de ce type d'événements. D'autres événements analogues se sont produits depuis, comme le détachement de la plaque Wilkins (aussi étendue que la Jamaïque) en 2009. Le glaciologue Éric Rignot a pu affirmer que le recul des plus grands glaciers de la mer d'Amundsen, dans l'Antarctique de l'ouest, a atteint un point de non-retour.

En fait, nous pensions être à l'abri, pour les quelques prochains siècles, d'une débâcle rapide des glaces du Groenland dans l'hémisphère Nord, ou, dans l'hémisphère Sud, de la partie ouest de la calotte polaire antarctique. Celle-ci repose sur un socle rocheux qui se situe en dessous du niveau de la mer, et l'écoulement de la glace vers l'océan est ralenti par les îles qui l'entourent, et ne dépasse guère quelques mètres par an. Or, les mesures par satellites montrent que 80 % de l'écoulement des glaciers antarctiques passe en réalité par quelques grands fleuves de glace. Par exemple, la vitesse de l'écoulement du glacier Lambert, l'un des plus rapides du monde, y atteint 600 mètres par an. L'effet d'une variation climatique pourrait être alors plus rapide, car ces fleuves réagissent plus vite que la glace stagnante : la fonte des glaces continentales qui recouvrent la majeure partie du Groenland, soit 3 millions de kilomètres cubes d'eau, se traduirait par une élévation du niveau moyen de la mer de 7 mètres, et soixante à soixante-dix mètres d'eau s'y ajouteraient si toute la calotte antarctique fondait. Mais ceci ne se produira pas avant plusieurs siècles.

En revanche, les glaciers continentaux sont bel et bien en voie de disparition. Ces glaces sont plus sensibles à une hausse de quelques degrés de la température moyenne de l'air que les calottes glaciaires des régions de haute latitude. En Europe, les glaciers sont en recul dans huit des neuf régions où ils se trouvent. De 1850 à 1980, l'aire couverte par les glaciers alpins s'est réduite d'un tiers et leur masse de moitié, avec depuis 1980, une perte supplémentaire de 20 à 30 %, dont 10 % pour la seule année 2003. Il en va de même pour la plupart des glaciers tropicaux andins, comme au Venezuela où il ne reste que deux glaciers sur les six que comptait ce pays il y a seulement trente ans. Les neiges du Kilimandjaro, qui recouvrent le plus haut sommet africain, celles du mont Kenya, sont aussi en voie de disparition. Les glaciers de l'Himalaya ne sont pas mieux lotis. Ceux du Bhoutan rétrécissent de 30 à 40 mètres par an. Ce phénomène peut d'ailleurs amener au débordement de plusieurs dizaines de lacs de montagne, isolés par des verrous rocheux naturels, au Népal et au Bhoutan, menaçant les populations qui vivent en contrebas.

Pour le siècle à venir, le 5e rapport du GIEC*, publié en novembre 2013, formule les projections suivantes :

– La couverture neigeuse, ainsi que l'étendue et l'épaisseur des glaces de mer continueront de décroître sur l'hémisphère Nord. De même, le retrait des glaciers continentaux se poursuivra. Selon les différents scénarios d'émission de gaz à effet de serre*, le volume mondial des glaciers (hors périphérie de l'Antarctique) décroîtra de 15 à 85 %. La masse des glaces de l'Antarctique augmentera, contrairement au Groenland, qui perdra probablement en masse, le ruissellement l'emportant sur la hausse des précipitations.

– L'élévation du niveau de la mer sous l'effet du réchauffement et de la fonte des glaciers et des calottes atteindra de 26 à 98 centimètres en 2100 par rapport à 1990.

Quelles sont les causes de l'élévation du niveau de la mer ? Deux phénomènes principaux peuvent y contribuer : un apport d'eau supplémentaire (par la fonte des glaces) ou une simple dilatation en volume (par l'effet du réchauffement), sans apport de masse. La fonte des glaciers de montagne, et surtout des glaciers tropicaux, y contribue certainement. Une fonte massive des glaces polaires paraît hors de cause dans l'immédiat, mais les indices cités plus haut font craindre un processus plus rapide que prévu, lié à la dislocation de la banquise. L'expansion thermique des eaux de surface océanique, ou en d'autres termes, la dilatation des couches superficielles de l'océan résulte simplement de l'augmentation de leur température. On pensait jusqu'il y a peu que c'était la cause principale de l'élévation actuelle du niveau de la mer. En quelque sorte, l'océan superficiel se comporterait comme le thermomètre du climat. Mais des données récentes ont remis en cause cette interprétation. Les scientifiques s'accordent aujourd'hui sur l'importance relative des différents effets : certes, le réchauffement induit une dilatation, mais la fonte des glaces apporte des eaux froides qui le ralentissent, et donc limitent l'expansion thermique tout en contribuant à l'élévation du niveau de la mer. D'autre part, le réchauffement accroît l'évaporation, ce qui refroidit la surface et augmente le stockage d'eau sous forme de neige et de glace aux hautes latitudes.

Une troisième cause a été mise en évidence : le rejet à la mer d'eaux continentales précédemment stockées dans des réservoirs souterrains. Ce sont les observations de satellites gravimétriques, dont les satellites GRACE de la NASA et GOCE de l'ESA conçus pour mesurer les variations du champ de gravité de la Terre, qui ont décelé cet effet.

Faute de pouvoir mesurer le bilan de masse des calottes polaires, il n'était jusqu'alors pas possible de déterminer les parts respectives de ces effets. Le lancement en 2010 du satellite européen CryoSat doit permettre d'y voir plus clair, lorsque suffisamment de données auront été collectées. Dès à présent, les mesures de Cryosat ont permis d'établir en 2011 la première carte d'épaisseur de la banquise arctique et de mettre en évidence une soudaine perte de masse atteignant 300 km^3 en cinq ans dans une zone auparavant stable de la péninsule antarctique.

Faut-il craindre l'élévation du niveau de la mer ? Une grande proportion de la population mondiale se concentre au voisinage des côtes qui hébergent tout à la fois zones résidentielles, urbaines et industrielles, se prêtent au tourisme, au transport, à l'agriculture, à la pêche et l'aquaculture. En France, 10 % de la population totale réside dans les communes littorales, visitées chaque année par plus de 30 millions de personnes. 47 % de la population de l'Union européenne vit de manière permanente à moins de 50 kilomètres de la côte, proportion qui atteint 100 % au Danemark, et 75 % aux

Pays-Bas et au Royaume Uni. Plusieurs des grandes villes européennes sont situées en zone côtière : Athènes, Naples, Marseille, Barcelone, Lisbonne, Hambourg, Copenhague, Stockholm, et les grandes métropoles des Pays-Bas. 120 millions d'Européens vivent ainsi dans des zones d'agglomération urbaine côtière, et cette urbanisation se poursuit sans faiblir, notamment sur les bords de la Méditerranée. Au niveau mondial, c'est plus de la moitié de la population qui vit au voisinage des côtes, et cette proportion va croissant : en 2020, les trois quarts vivront dans une bande côtière de 60 kilomètres.

L'élévation attendue du niveau de la mer, sans constituer une menace majeure dans la plupart des régions, va sans conteste aggraver la situation des zones côtières sous plusieurs aspects : les basses terres vont être submergées, les régions côtières les plus proches de l'océan seront inondées en permanence, l'eau salée va recouvrir les plaines côtières, les deltas, les îles basses et les atolls coralliens. Mais il faut aussi prendre en considération les conditions locales et la réponse du milieu, comme la sédimentation ou la croissance des coraux. D'autre part, la lenteur relative du phénomène, et la connaissance anticipée que nous en avons, laissent aux sociétés humaines le temps de prendre des mesures permettant de réduire les conséquences négatives qui pourraient en résulter.

Le risque de submersion des côtes les plus basses est réel : on peut craindre qu'il affecte de vastes régions, les Pays-Bas, l'est de l'Angleterre, ou les plaines côtières qui entourent les deltas des grands fleuves, tels le Pô, le Rhône, le Nil, le Mississipi, le Mékong. Un cinquième du Bangladesh est ainsi menacé. Le même danger menace les zones littorales qui comportent des étangs et des lagunes, comme la côte du Languedoc, les zones de marais maritimes (Charente, baie de Somme, ou autour du Mont Saint-Michel). Venise ou la Camargue sont à la merci de la montée des eaux. L'érosion côtière qui peut concerner les falaises rocheuses comme les plages de sable, devrait s'accroître. Un mètre d'élévation du niveau de la mer, cela signifie en moyenne un recul de 100 mètres du trait de côte. Les eaux fluviales dans les estuaires, au voisinage de l'embouchure, seront sujettes à la salinisation, de même que les eaux douces souterraines. Enfin, la conjonction de l'élévation du niveau de la mer et de la recrudescence des événements météorologiques extrêmes, comme les tempêtes et les cyclones, fait peser la menace d'inondations exceptionnelles, telles celle qui a accompagné la tempête Xynthia en février 2010. La Méditerranée apparaît comme la région d'Europe la plus vulnérable (mais elle n'est pas la seule) à l'élévation du niveau de la mer et à l'ensemble des effets qui s'y rattachent. Les enjeux économiques sont colossaux. Le coût des dommages résultant d'une inondation de Londres (protégée depuis 1982 par une barrière construite sur la Tamise) a été évalué à plus de 10 milliards d'euros.

La ville de Paris recouverte par les eaux, le toit des plus hauts bâtiments et la tour Eiffel émergeant : c'est une situation qui n'est pas à la veille de se produire. Néanmoins, ne nous y trompons pas : l'élévation du niveau de la mer ne s'arrêtera pas en 2100. On peut s'attendre à ce qu'elle se poursuive pendant plusieurs siècles, quel que soit à l'avenir notre comportement en matière d'utilisation d'énergie. En effet, l'inertie thermique et les mécanismes de transfert de la chaleur dans l'océan sont tels qu'il faudra des millénaires pour que le réchauffement global pénètre toute la colonne d'eau. Pas d'inquiétude sérieuse donc quant à une brutale submersion des zones côtières consécutive à la fonte des calottes, mais une assurance sur l'avenir : nos lointains descendants de l'an 3000 pourraient bien en être les témoins. D'autres surprises désagréables nous guettent d'ici là, et bien sûr, nous ne les connaissons pas toutes, sinon où serait la surprise…

Jean-Louis Fellous

« Le changement climatique menace la biodiversité. »

La biodiversité qui concerne l'ensemble des organismes vivants et les milieux naturels où ils évoluent, subira un appauvrissement important venant s'ajouter aux dégradations directement liées aux activités humaines (fragmentation et disparition des milieux, pollutions...). Le changement climatique pourrait entraîner la disparition de 27 à 42 % des plantes indigènes en Europe d'ici 2080.

Observatoire national sur les effets du réchauffement climatique,
Le réchauffement climatique : la nature en danger

La communauté scientifique et le grand public s'inquiètent des conséquences du réchauffement climatique sur la flore et la faune. Le catastrophisme fait actuellement recette. Le changement climatique va provoquer « un chambardement massif dans les équilibres naturels » et va « bouleverser » aussi « radicalement la vie des hommes », expliquait un responsable du Fonds mondial pour la nature (WWF-France) en 2005. Des propos qui, dans ce contexte, relèvent plus de l'autosuggestion que de la démonstration scientifique. Quant à la citation provenant du site internet du ministère de l'Écologie, du développement durable et de l'énergie (MEDDE), elle révèle que notre ministère de l'Écologie n'est pas avare non plus de messages alarmistes. Dans ce domaine, il est en effet courant de pratiquer la surenchère, y compris chez certains scientifiques qui prévoient que les changements climatiques à venir vont entraîner la disparition d'au moins un million d'espèces d'ici 2050 selon un article paru en 2004 dans la célèbre revue *Nature*. D'autres encore ont suggéré que 50 % des espèces pourraient disparaître du fait des changements climatiques... toujours sur des bases hautement spéculatives ! Mais ces informations sont largement relayées par les médias, trop heureux de solliciter ainsi l'attention des lecteurs, ou des auditeurs, par ces informations alarmistes, fussent-elles fausses.

Pourquoi s'intéresser aux conséquences des changements climatiques sur la biodiversité* ? Parce que le climat, caractérisé par les températures et les précipitations, est l'élément déterminant de la répartition de la végétation à la surface du globe, et de l'existence de ce que les écologues appellent les grands biomes, tels que les steppes, les savanes, les forêts, les déserts, etc. On doit donc s'attendre à des modifications non seulement dans la répartition géographique des espèces, mais aussi dans la composition des peuplements, les dynamiques de populations (démographie, biologie, physiologie, génétique, etc.), ainsi que dans la nature et la dynamique des habitats. Mais nous sommes confrontés à de nombreuses incertitudes quand on veut faire des prévisions. Si certains prédisent des disparitions massives d'espèces, arguant de la rapidité des changements en cours, d'autres pensent que le potentiel adaptatif des espèces est largement sous-estimé et rappellent que la diversité biologique s'est en permanence adaptée aux variations climatiques.

Incertitudes sur le climat

Il y a des signes évidents d'un réchauffement. Ainsi, la température moyenne des fleuves français a augmenté de 1 à 2 °C en quelques décennies. Mais les conséquences du réchauffement climatique en cours et à venir sur la diversité biologique, dépendent de l'ampleur du phénomène et de ses manifestations globales et régionales. On s'interroge aussi sur la fréquence et l'intensité des aléas climatiques. Autant de questions auxquelles les scientifiques en charge de la modélisation du climat ont du mal à répondre. Le GIEC* a adopté une terminologie qui tient compte des niveaux d'incertitude, et la prudence est de mise en matière de prévision. On en retiendra quelques éléments :

– Il est ainsi pratiquement certain que les valeurs des extrêmes augmenteront en fréquence et en grandeur pour les températures maximales quotidiennes et diminueront pour les extrêmes froids à l'échelle du globe au cours du XXIe siècle. Et il est donc très probable que la durée, la fréquence et/ou l'intensité des périodes plus chaudes s'accroîtront sur la majeure partie des terres émergées.

– Il est probable que la fréquence des fortes précipitations, ou la part des pluies totales tombant sous forme de fortes précipitations, augmenteront au XXIe siècle en de nombreuses régions du monde, notamment en hiver pour les latitudes moyennes de l'hémisphère Nord.

– On estime avec un degré de confiance moyen que les périodes de sécheresses s'intensifieront pendant le XXIe siècle en certaines saisons et dans plusieurs régions, en raison de la baisse possible de la pluviométrie et/ou de la hausse de l'évapotranspiration. Parmi ces régions figurent l'Europe centrale et méridionale et le pourtour méditerranéen.

Incertitudes sur les réponses de la diversité biologique au changement

L'impact du changement climatique peut se manifester tout à la fois par l'élévation de la température, la répartition saisonnière et géographique des pluies, la fréquence et l'ampleur des aléas climatiques (sécheresse ou inondation, tempêtes et cyclones), ou la remontée du niveau marin.

Sur le plan biologique, les capacités des organismes et des écosystèmes à répondre aux changements de l'environnement, dépendent pour beaucoup de l'ampleur et de la rapidité des changements. La température agit sur la physiologie des espèces et leurs cycles biologiques : si l'élévation est seulement de 2 °C on ne s'attend pas à des changements majeurs, mais si elle atteint 4 °C ou plus, on ne sait plus… Pour certains scientifiques, les espèces n'auront pas le temps de s'adapter si la température s'élève de plusieurs degrés d'ici la fin du siècle. D'autres estiment que la fragmentation des milieux est un obstacle à la migration, d'où le concept de trames vertes et bleues pour faciliter leurs déplacements… mais on en reste aux spéculations.

Actuellement, pour la végétation, on observe des périodes de floraison plus précoces. De nombreuses espèces animales dont le cycle biologique était limité par la température ont progressé vers le nord, à l'instar de la chenille processionnaire du pin ou de certaines espèces de papillons. Dans le sud de la France plusieurs espèces dites thermophiles, qui préfèrent des températures plus élevées, ont fait leur apparition dans les cours d'eau.

Mais quelles sont les capacités de réponse des organismes à des changements que l'on qualifie de rapides à l'échelle géologique ? Les stratégies d'adaptation des espèces aux changements mettent en jeu la variabilité génétique de ces espèces. Les forestiers, qui doivent anticiper l'avenir de leurs forêts, ont beaucoup travaillé cette question. Ils cherchent ainsi à identifier la diversité génétique adaptative, c'est-à-dire la diversité des génotypes et des gènes soumis à la sélection naturelle. La diversité génétique est en évolution permanente, et il existe de nombreux génotypes qui ont, chacun, un certain potentiel d'adaptation aux changements de l'environnement, notamment pour les espèces qui ont une vaste répartition. Au sein du monde vivant, les arbres forestiers sont parmi les espèces possédant la diversité génétique la plus élevée. Les arbres sont dotés de mécanismes extrêmement efficaces (flux de gènes) permettant de maintenir ou régénérer la diversité. L'exemple des espèces exotiques ayant fait l'objet de transferts témoigne de la rapidité d'évolution des espèces forestières. Le défi est donc de gérer de manière dynamique la diversité génétique, au sein de laquelle les espèces forestières pourront puiser pour garantir leur maintien et leur évolution. Ces observations, relativement optimistes, ne doivent cependant pas être généralisées à l'ensemble de toutes les espèces vivantes sans qu'elles fassent l'objet d'études spécifiques, mais elles laissent entrevoir qu'il existe potentiellement des mécanismes naturels efficaces pour faire face au changement climatique.

Le réchauffement climatique va également modifier la pluviométrie, non seulement la quantité d'eau tombant annuellement, mais aussi la distribution saisonnière des pluies. Les zones humides seront probablement les premières concernées par ces modifications éventuelles, et certaines pourraient disparaître dans les régions moins arrosées. Mais, ici aussi, on peut assister à une remontée vers le nord des milieux humides.

Il n'y a pas que la température et l'humidité qui sont en jeu dans le changement climatique. Le niveau marin va s'élever et les scientifiques sont loin d'être d'accord sur l'ampleur du phénomène, qui pourrait s'étaler de 0,5 à 1 mètre, selon les estimations, d'ici 2100. Une revue de vulgarisation scientifique écrivait, il y a quelques années, que la remontée du niveau marin allait être catastrophique pour les écosystèmes côtiers. Quand on sait que ce niveau marin était à -130 m il y a 15 000 ans, cette affirmation laisse perplexe. Est-ce que la remontée du niveau marin après la période glaciaire peut être assimilée à une catastrophe écologique permanente ? Une situation qui s'est d'ailleurs répétée à diverses reprises dans le passé. Pour l'instant tout au moins, les paléontologues ne nous disent pas qu'il y a eu des catastrophes majeures liées à ces fluctuations de niveau... Ou alors faut-il qualifier de catastrophes toutes les modifications de l'environnement qui sont intervenues sur la Terre ? Il est un fait que la remontée du niveau marin aura des conséquences sur nos biens et sur notre économie.

Mais il n'y a aucune raison de faire de l'anthropocentrisme et de transposer à la faune et à la flore des problèmes qui sont d'une autre nature.

Concernant la remontée du niveau marin, le GIEC reste assez prudent dans ses conclusions empreintes de diplomatie : « À l'échelle mondiale, d'ici 2080, environ 20 % des zones humides côtières pourraient avoir disparu à la suite de l'élévation du niveau de la mer. Les incidences de l'élévation du niveau de la mer sur les écosystèmes côtiers (mangroves/zones humides côtières/herbiers marins, etc.) varieront selon les régions et selon les processus d'érosion par la mer et les dépôts d'origine terrestre. Certaines mangroves dans des petites îles ou des régions côtières de faible élévation où l'on observe une forte sédimentation et de faibles processus d'érosion ne seront peut-être pas particulièrement vulnérables à l'élévation du niveau de la mer. » On peut simplement faire remarquer que si le GIEC, comme d'autres, parle de disparition des zones humides côtières, personne ne dit, par contre, que de nouvelles zones humides côtières vont se créer... C'est le processus qui s'est produit en permanence depuis que le niveau marin a remonté après les glaciations. À condition bien entendu que la côte ne soit pas bétonnée ! Évidemment sur le plan économique la question est toute autre, puisque ces nouvelles zones humides s'établiront sur des terres actuellement cultivées ou habitées.

Des dynamiques complexes mettent ainsi en jeu non seulement les espèces, mais leur environnement biotique et abiotique. Et chaque espèce peut avoir une sensibilité différente aux changements. On comprend, dans ces conditions, la difficulté de faire des prévisions concernant les conséquences du réchauffement climatique sur la biodiversité. Beaucoup de travaux scientifiques sont donc spéculatifs, et nous proposent des scénarios basés sur des hypothèses qui ne valent qu'en tant qu'hypothèses. Le danger est alors de vouloir accorder trop de crédit à ces informations et d'en faire un fait acquis ! Mais la tentation est forte de faire des scoops !

Incertitudes sur les mesures à prendre pour protéger la diversité biologique

Compte tenu des incertitudes précédentes il n'est pas facile de faire des recommandations sur d'éventuelles mesures adaptatives (aménagements, réglementations, foncier, etc.) qui seraient à proposer. Par exemple, que vont devenir les aires protégées dans la perspective du changement climatique. Celles-ci ont souvent été mises en place pour protéger des écosystèmes ou des espèces remarquables dans un contexte où le climat était supposé stable. Si l'environnement change, à quoi serviront alors ces aires protégées ? Mais aussi, comment continuer à protéger les espèces que l'on avait cherché à préserver ? Autant de questions qui n'ont pas encore reçu de réponse définitive... Certaines ONG réclament encore plus d'aires protégées, mieux réparties géographiquement. D'autres, comme le WWF, suggèrent qu'elles pourraient être déplacées afin de suivre les habitats et écosystèmes naturels.

Dans les régions à faible relief, la remontée du niveau marin pourrait entraîner la submersion des terres. Ainsi, une simulation faite sur l'estuaire de la Seine, indique que pour une remontée d'un mètre, une partie de l'actuelle réserve naturelle de l'estuaire de la Seine sera sous les eaux et, pour une élévation de deux mètres, cette réserve sera en grande partie ennoyée. Que fait-on ? Pour l'instant, beaucoup de ces questions n'ont pas trouvé de réponse opérationnelle...

On voit toute la complexité d'une telle démarche quand on connaît les difficultés d'accès au foncier ! Ce qui est évident, c'est que les situations historiques ne pourront plus constituer des modèles de référence en matière de conservation ou de restauration de la biodiversité. Une conséquence pratique, particulièrement importante, est qu'il faudra tenir compte dans les opérations de restauration écologique, d'un changement prévisible à l'échelle de quelques décennies. Ainsi, que vont devenir les zones humides que l'on entretient à grands frais si la pluviométrie vient à changer ? Allons-nous les laisser s'assécher si le climat devient plus sec ? Ou allons-nous les aménager pour assurer leur pérennité ?

Que nous apprend l'histoire des glaciations en Europe

Afin d'imaginer les conséquences du changement climatique sur la biodiversité, on peut interroger le passé, et voir comment la biodiversité a réagi aux changements climatiques dans le passé. Avec la réserve que les études rétrospectives permettent surtout de comprendre la situation présente, mais pas de prévoir l'avenir.

L'Europe par exemple a connu une succession de glaciations depuis deux à trois millions d'années à un rythme moyen d'une glaciation tous les 100 000 ans. Cet effet « d'essuie-glace » a éradiqué régulièrement la flore et la faune de l'Europe du Nord et centrale. Lors de la dernière glaciation, il y a 18 000 ans, le nord de l'Europe était sous les glaces. La limite du permafrost (sol gelé en permanence) s'étendait à la latitude de Lyon, et les Alpes étaient recouvertes de glaciers. Les conditions qui prévalaient étaient similaires à celles de la toundra sibérienne actuelle. Une partie de la flore et de la faune qui peuplaient l'Europe avant cette période glaciaire subsistait dans des zones refuges plus clémentes, au sud de l'Espagne et de l'Italie, ainsi que dans les Balkans. On pense que le bassin du Danube a été la principale zone refuge pour la faune aquatique.

À la fin de la période glaciaire, il y a environ 15 000 ans, les glaces se sont retirées, les sols gelés se sont réchauffés, et la flore et la faune ont pu recoloniser progressivement les zones devenues plus accueillantes. Le genévrier, puis le bouleau et le pin ont été les espèces pionnières, suivies par les forêts de feuillus. En l'espace de quelques milliers d'années, l'Europe a ainsi été recolonisée à partir des zones refuges méridionales, au fur et à mesure que le climat se réchauffait.

Les paléontologues ont montré que toutes les espèces ne se sont pas déplacées en bloc, ni à la même vitesse. Ce ne sont pas des écosystèmes ni des peuplements structurés qui ont migré, mais des espèces, en fonction de leurs capacités biologiques à se disperser. Certaines sont promptes à franchir de grandes distances ; d'autres se déplacent à petits pas. Quoi qu'il en soit, la reconstitution des écosystèmes européens s'est faite de manière aléatoire et conjoncturelle comme ce fut le cas pour les espèces d'eau douce. Pour les espèces migratrices amphihalines* telles que le saumon ou l'anguille, la recolonisation s'est faite naturellement, de proche en proche par les estuaires, lors de la période de réchauffement. Mais pour les espèces d'eau douce *stricto sensu*, on admet (sans avoir néanmoins de démonstration définitive) que la recolonisation de nos lacs et de nos rivières, d'est en ouest et du sud vers le nord, s'est faite de proche en proche par des communications entre bassins hydrographiques. Autrement dit, c'est au hasard des connexions entre bassins, que les peuplements piscicoles de nos plans d'eau se seraient reconstitués au cours de la période de réchauffement qui a suivi la dernière glaciation. Les peuplements piscicoles européens sont donc le produit d'une histoire de l'environnement. Ce sont des collections d'espèces qui se retrouvent ensemble de manière opportuniste parce que le milieu où vivent ces espèces convient actuellement à leurs exigences écologiques. Nous n'avons pas affaire, loin s'en faut, à des peuplements dans lesquels les relations entre espèces seraient fortement structurées comme le prévoient certaines théories écologiques. En outre, rien ne nous permet d'affirmer que la recolonisation de l'Europe depuis la dernière glaciation est terminée ! On peut donc s'attendre à ce que d'autres espèces apparaissent, comme c'est le cas actuellement dans les eaux douces avec des crustacés et des mollusques venant d'Europe de l'Est, depuis qu'un canal ouvert en 1992 permet de relier le bassin du Rhin à celui du Danube.

Les changements climatiques n'ont pas affecté que l'Europe. La grande forêt humide africaine a fortement régressé il y a 18 000 ans, pour se réinstaller de nouveau il y a environ 8 000 ans. Au cours des 10 000 dernières années, la forêt amazonienne quant à elle a été déstabilisée à plusieurs reprises par des conditions climatiques défavorables dont de longues périodes de sécheresse, notamment durant la période comprise entre 7 000 et 4 000 ans avant nos jours. La répétition de ces sécheresses pourrait expliquer que cette forêt amazonienne est tout compte fait moins riche en espèces que les forêts tropicales asiatiques. Force est de constater que ce fameux « poumon de la Terre » n'a pas toujours bien fonctionné ! Ce qui n'a pas empêché la vie sur Terre.

Quelles conséquences possibles du changement climatique actuel ?

Tout en restant très prudent sur l'avenir, on essaie néanmoins d'envisager des futurs possibles, avec toutes les marges d'erreurs et les incertitudes que cela comporte. Ainsi le programme Explore 2070 (MEDDE, Vulnérabilité des milieux aquatiques et de leurs écosystèmes. Étude des zones humides, 2012) prévoit une augmentation possible des températures moyennes de l'air de l'ordre de +1,4 °C à +3 °C d'ici 2070, une baisse des précipitations en été sur l'ensemble de la métropole, en moyenne de l'ordre de -16 % à -23 %, ainsi qu'une baisse de l'ordre de 10 % à 40 % des débits moyens annuels des fleuves selon les simulations, baisse particulièrement prononcée sur les bassins Seine-Normandie et Adour-

Garonne. L'ampleur de ces changements doit nous interpeller sur le futur de nos systèmes naturels anthropisés et la pertinence des mesures de conservation/restauration que l'on est en train de mettre en place, parfois à grands frais, sans tenir compte de ces changements annoncés.

À quoi peut-on s'attendre pour la diversité biologique ? Si les prévisions sont exactes, le sud de la France connaîtra un climat similaire à celui de l'Afrique du Nord et certaines rivières pourraient devenir intermittentes. Par contre le nord de l'Europe et de l'Asie va se réchauffer avec un certain nombre de conséquences : le permafrost va régresser vers le nord, et les sols ainsi réchauffés vont libérer du méthane, un puissant gaz à effet de serre*, mais ils pourront aussi accueillir des cultures ainsi que des espèces migrant depuis le sud. Un phénomène qui n'est pas fondamentalement différent de ce que l'Europe a connu lors du réchauffement qui a suivi les périodes glaciaires. Les régions septentrionales devenues plus accueillantes vont se peupler progressivement d'espèces qui y trouveront des conditions compatibles avec leurs exigences physiologiques, au rythme de leurs capacités de dissémination. Il est fort possible également que certaines espèces auront des difficultés à survivre si leur capacité de migration est faible. Mais cette situation n'est probablement pas pire que celle qui a prévalu lors des précédentes glaciations. Il existe cependant une inconnue par rapport au scénario post-glaciaire : l'Europe abrite maintenant de nombreuses espèces naturalisées à l'exemple du mimosa et de l'eucalyptus originaires d'Australie, de la crépidule et des écrevisses originaires d'Amérique du Nord. Comment vont-elles se comporter ?

De manière un peu similaire, au sud de l'Europe, on voit déjà s'installer des espèces plus méridionales qui trouvent maintenant des conditions favorables à leur naturalisation. La Méditerranée connaît déjà des modifications importantes de sa faune et de sa flore. Le changement climatique en cours interfère avec les migrations rendues possibles depuis l'océan Indien *via* le canal de Suez, de telle sorte que de nombreuses espèces tropicales pénètrent actuellement en Méditerranée.

Toujours en milieu marin, les écologues sont inquiets d'un phénomène général d'acidification des eaux. En effet, une partie du dioxyde de carbone produit par l'activité humaine est absorbée par les océans. La transformation du dioxyde de carbone dissous dans l'eau de mer en bicarbonate (HCO_3), libère des ions hydrogène, entraînant une baisse du pH. Les organismes à squelette calcaire sont potentiellement menacés car un pH plus acide réduit la disponibilité des ions carbonate nécessaires à la formation du calcaire des coquilles ou squelettes. Tout est loin d'être négatif cependant : « Le réchauffement climatique des dernières décennies s'est accompagné d'une augmentation de la biodiversité taxonomique du plancton végétal et animal de l'océan Atlantique Nord et d'une diminution de la taille moyenne de ces organismes. » (Communiqué de presse CNRS, 27 mai 2010).

Parmi les conséquences négatives du changement climatique, la menace d'une expansion des maladies parasitaires est souvent agitée. Le paludisme était autrefois endémique en Europe. Du XVe au XVIIe siècle la malaria était fréquente en Angleterre. On rapportait encore des cas de malaria lors des chantiers parisiens du baron Haussmann sur les Grands Boulevards en 1865. La disparition de la maladie tient à la fois à l'assèchement des marais, aux changements de pratiques agricoles, aux meilleures conditions de vie et à la disponibilité d'antipaludéens. Les vecteurs de la malaria existent toujours en Europe… mais nous disposons des moyens nécessaires pour contenir la maladie ! Le réchauffement climatique ne remet pas fondamentalement en cause cette situation, même si de nouveaux vecteurs sont susceptibles de se naturaliser sur notre continent. On peut penser qu'il en sera de même pour d'autres parasitoses. Mais on ne peut exclure bien évidemment que de nouvelles maladies s'installent, notamment les maladies émergentes à virus. Seront-elles la conséquence du réchauffement climatique ? Ou celle d'autres facteurs bien connus tels que les phénomènes migratoires et les échanges transcontinentaux ? L'exemple du virus H1N1 doit nous faire réfléchir.

Le changement climatique est-il réellement une catastrophe écologique ?

Ce n'est pas la première fois que le climat de la terre se modifie. Ce qui diffère de nos jours c'est que le réchauffement climatique est une des conséquences des activités humaines. On met en avant l'ampleur et la rapidité des changements, par rapport à ce que la Terre a connu autrefois. Mais les climatologues ont aussi montré qu'il y avait eu dans l'histoire de la Terre des variations importantes et rapides du climat. Ce qui relativise les discours alarmistes de certains groupes de pression qui ne cessent de répéter que nous vivons une catastrophe sans précédent dont l'homme est le seul responsable... On peut déplorer que l'homme soit à l'origine des changements climatiques actuels. Mais il faut se rendre à l'évidence car en l'absence de volonté politique affirmée d'y mettre un terme, le processus est enclenché. Et même si des mesures drastiques étaient prises rapidement, il faudrait quand même très longtemps pour en voir les résultats. Nous devons donc nous préparer aux transformations écologiques et économiques qui résulteront du réchauffement climatique, sans savoir exactement à quoi s'attendre... On comprend la difficulté de prendre des décisions dans un tel contexte.

Peut-on réellement penser que le changement climatique sera une catastrophe pour la biodiversité ? Il y aura bien évidemment quelques bouleversements et certaines espèces, notamment les espèces dites endémiques*, en pâtiront. Mais la dramatisation à outrance n'est pas une attitude raisonnable et peut même être contre-productive. Il n'y a rien d'extraordinaire ni de dramatique à ce que la biodiversité évolue sous la contrainte du climat. C'est ce qu'elle a toujours fait dans le passé, ce qui explique en grande partie la diversité actuelle des espèces et leur répartition. Et il est probable qu'il en sera de même dans le futur. Restons modestes mais attentifs. Comme le souligne le GIEC, « la modélisation des changements de la diversité biologique en réponse aux changements climatiques s'avère difficile. Les données et les modèles nécessaires à la prévision de l'ampleur et de la nature des futurs changements au sein des écosystèmes et de la répartition géographique des espèces sont incomplets, et, par conséquent, ces effets ne peuvent être que partiellement quantifiés. »

Il est vrai que l'on se heurte à un véritable problème psychologique qui est d'accepter le changement. Pour ceux qui parlent d'équilibre de la nature, et pour qui toute modification porte atteinte à son intégrité, c'est une remise en cause profonde de leur représentation du monde qui se profile, et le changement fait peur. Pour d'autres qui ont compris que la diversité biologique est le produit du changement et non du *statu quo*, il est plus facile d'envisager un avenir différent, même si on regrette parfois que notre environnement familier se modifie. Quant à la biodiversité, elle est loin d'avoir dit son dernier mot ! On peut faire confiance à la vie pour s'adapter, elle l'a montré depuis des milliards d'années. Une question peut-être plus importante est de savoir comment l'homme pourra, lui aussi, s'adapter aux changements annoncés.

Christian Lévêque

« Toutes les espèces sont nécessaires dans les écosystèmes. »

Que la nature est prévoyante ! Elle fait pousser les pommes en Normandie sachant que les indigènes de cette province ne boivent que du cidre.

Henry-Bonaventure Monnier, dramaturge, caricaturiste et acteur français (1799-1877)

Les scientifiques sont confrontés au problème suivant : à quoi servent toutes les espèces au sein d'un écosystème ? Sont-elles vraiment indispensables au « bon » fonctionnement de cet écosystème ? La même question, posée d'une manière plus cynique, pourrait être : combien d'espèces peut-on perdre sans modifier significativement le fonctionnement d'un écosystème ? Curieusement on parle peu des conséquences de l'apparition de nouvelles espèces sur le fonctionnement des systèmes écologiques, en dehors des discours récurrents sur les conséquences fâcheuses des espèces dites invasives. Autant de questions qui intéressent pourtant les gestionnaires.

Dans les discours militants (et parfois chez les scientifiques tenants de la nature déterministe* des écosystèmes), il n'est pas rare d'entendre, ou de lire, que toutes les espèces sont indispensables au fonctionnement des écosystèmes, voire à la survie de l'homme sur Terre pour certains extrémistes ! La loi sur la biodiversité* accrédite d'ailleurs ce point de vue en considérant que l'élimination des espèces qualifiées (à tort selon la loi) de « nuisibles » va à l'encontre « du principe général de conservation d'une réelle biodiversité »... Devons-nous laisser en paix les vecteurs de maladies et les ravageurs de culture au nom de la préservation de la nature ? Le débat est loin d'être clos !

Beaucoup d'écologues, plus nuancés ou plus conscients de la difficulté d'apporter une réponse, laissent simplement entendre que la disparition (ou l'introduction) d'une espèce entraîne des modifications dans le fonctionnement de l'écosystème auquel elle appartient. Un truisme bien entendu, car toute modification induit automatiquement un effet ! Le problème est donc de savoir quelle est l'ampleur de la modification en cause, et d'évaluer ses conséquences. C'est ici que les difficultés commencent.

Le rôle des espèces dans le fonctionnement des écosystèmes

Toutes les espèces ne jouent pas le même rôle dans un écosystème. Les écologistes distinguent par exemple des espèces clés de voûte qui jouent un rôle particulièrement structurant. Ainsi, l'introduction ou l'éradication d'un grand prédateur aura des effets en cascade sur les autres compartiments biologiques. C'est ce qui s'est passé après l'introduction de la perche du Nil dans le lac Victoria qui a décimé les populations locales de poissons endémiques. On parle également d'organismes ingénieurs, qui peuvent modifier l'état physique de l'écosystème. C'est le cas pour le castor qui peut modifier le fonctionnement d'une rivière en construisant un barrage, ou pour les vers de terre qui creusent des galeries dans les sols facilitant ainsi son aération et son irrigation.

Et puis il y a des espèces qui jouent, du moins en apparence, un rôle plus ou moins similaire dans l'écosystème. On dit qu'elles occupent la même niche écologique ou qu'il y a redondance fonctionnelle. Reste à préciser le champ de la redondance, ce qui est assez difficile. On peut considérer des catégories assez larges (producteur primaire ou carnivore par exemple), ce qui a peu d'intérêt, ou cibler sur des fonctions plus précises (par exemple en matière de pollinisation ou de décomposition de la matière organique). En réalité il est bien rare que deux espèces remplissent exactement le même rôle quand on creuse un peu la question.

Enfin, il y a les espèces « rares » que l'on observe occasionnellement, soit parce qu'elles sont de grande taille, soit parce qu'elles ne fréquentent l'écosystème étudié que de manière occasionnelle, ou encore parce qu'elles sont difficiles à capturer. Leur disparition ne devrait pas, en théorie, modifier significativement le fonctionnement de l'écosystème, sauf si ce sont des espèces clés de voute.

Partant de ces constats, différentes hypothèses ont été formulées concernant le rôle fonctionnel de la diversité biologique au sein des écosystèmes.

En 1955, l'écologue américain MacArthur, travaillant sur la théorie de l'information, a émis l'hypothèse que la diversité des flux au sein de l'écosystème contribue à faciliter l'homéostasie de ce dernier, c'est-à-dire sa capacité à maintenir son équilibre fonctionnel en dépit des contraintes extérieures. Les flux étant difficiles à évaluer, on s'est rabattu sur la diversité des espèces. On a ainsi détourné l'idée originale de MacArthur basée sur la théorie de l'information pour introduire un véritable dogme, selon lequel la diversité des espèces engendre la stabilité… Une idée bien difficile à démontrer mais qui reste vivace. Elle a été formalisée par l'hypothèse appelée diversité-stabilité, selon laquelle la productivité des systèmes écologiques, ainsi que leur aptitude à réagir à des perturbations, s'accroît régulièrement lorsque le nombre d'espèces augmente. Des expériences menées à petite échelle ont mis en évidence un effet de la diversité végétale sur la production de biomasse. Mais ces conclusions sont fortement contestées par ceux qui estiment que les mini-écosystèmes artificiels dans lesquels ces expériences ont été faites ne sont pas représentatifs de la réalité. Divers travaux argumentés montrent en effet qu'il n'y a aucune relation dans un sens ou dans un autre entre la richesse en espèces et la production biologique. Ainsi, des zones humides dominées par des populations de roseaux ou de papyrus peuvent être extrêmement productives. Il en est de même, d'ailleurs, pour les plantes cultivées dans les agrosystèmes. Il n'en reste pas moins que dans beaucoup d'esprits, plus il y a d'espèces mieux c'est ! Ou plus il y a d'espèces, mieux le système est apte à réagir aux changements de son environnement, ce qui reste purement spéculatif. Il est vrai que les milieux conservationnistes trouvent là un argument supplémentaire à la protection intégrale des milieux, même si cet argument n'est pas validé scientifiquement.

L'hypothèse des rivets tend, quant à elle, à répondre à la question récurrente suivante : la disparition d'une ou de plusieurs espèces compromet-elle le fonctionnement d'un écosystème ? Cette hypothèse part du principe que plusieurs espèces remplissent la même fonction dans un écosystème et que la perte d'une espèce ne signifie pas nécessairement que la fonction qu'elle remplit disparaît également. Cette hypothèse peut se résumer par une métaphore : une aile d'avion comprend de nombreux rivets. La perte de quelques rivets ne compromet pas la rigidité de cette aile. Mais combien pourra-t-elle perdre de rivets avant de se désagréger ? À partir d'un certain seuil, quand des fonctions disparaissent, l'écosystème est significativement altéré. Reste à définir ce seuil théorique, ce qui n'est pas si simple… Pour des raisons éthiques ou émotionnelles, on peut regretter que l'existence de l'ours blanc soit menacée par la fonte des glaces polaires. Sa disparition possible, si dommageable soit-elle, n'empêchera pas l'écosystème arctique de fonctionner, évidemment de manière différente qu'auparavant, notamment si les glaces viennent en grande partie à fondre. On sait d'ailleurs maintenant que l'ours blanc est un proche cousin de l'ours noir, avec lequel il s'hybride.

L'hypothèse conducteurs-passagers considère de son côté que toutes les espèces ne jouent pas un rôle équivalent dans l'écosystème. Certaines espèces sont superflues (passagers) alors que d'autres jouent un rôle essentiel (conducteurs). Il s'agit, par exemple, d'espèces clés de voûte ou d'espèces ingénieurs écologiques qui structurent le fonctionnement de l'écosystème. Pour illustrer cette hypothèse, on peut utiliser la métaphore de la voiture. Celle-ci est composée de nombreuses pièces dont certaines sont nécessaires au fonctionnement du véhicule : roues, moteur, carburateur, etc. D'autres sont indispensables à la sécurité comme les freins, ou servent au confort comme les amortisseurs. Et certaines pièces ne servent à rien sur le plan fonctionnel, si ce n'est à enjoliver la voiture : chromes, peinture, housses, etc. L'hypothèse conducteurs-passagers est en réalité une forme de compromis. Elle reconnaît que la disparition d'une espèce dans un écosystème entraîne automatiquement des modifications de sa structure et de son fonctionnement, mais que l'importance de ces modifications dépend du statut de l'espèce concernée. Ainsi, la disparition d'une espèce clé de voûte n'aura pas les mêmes conséquences que celle d'une espèce exerçant des fonctions similaires à celles remplies par d'autres espèces.

On notera que toutes ces hypothèses restent assez vagues sur ce que l'on entend concrètement par « fonctionnement des écosystèmes ». De fait, ce terme reste assez théorique en écologie, où il est traditionnellement défini comme l'ensemble des processus liés aux flux de matière et d'énergie dans l'écosystème : apports, transferts (production, recyclage) et pertes de matière et d'énergie au sein des écosystèmes. Selon la théorie des systèmes ces derniers sont caractérisés par une structure (habitats, espèces, gène, etc.), et par leur fonctionnement, c'est-à-dire des flux entre les éléments du système. Or, en écologie on a souvent tendance à confondre les deux. Quand on s'intéresse à la constitution des chaînes trophiques*, on parle de la structure de l'écosystème, et pas du fonctionnement au sens strict.

La plupart des études sur la relation entre richesse en espèces et fonctionnement des écosystèmes concernent la biomasse (biomasse totale de la communauté ou biomasse de chaque niveau trophique) et la production biologique (production primaire, production secondaire). Le Programme biologique international (PBI) dans les années 1960, avait pour objectif d'évaluer la productivité biologique des écosystèmes naturels. Il a montré la difficulté d'une telle démarche, notamment en matière d'évaluation des flux. Depuis, peu d'études ont été consacrées à cette question. Pas facile dans ces conditions d'argumenter sérieusement sur le rôle respectif des espèces, si ce n'est en termes très généraux.

La nature déterministe ou stochastique des systèmes écologiques

La question du rôle des espèces dans les écosystèmes ne peut être dissociée d'un autre débat récurrent en écologie portant sur la nature déterministe ou aléatoire* des communautés animales et végétales. Pour faire bref :

– Pour un courant historique de l'écologie, l'écosystème est un cadre dans lequel interagissent des groupes espèces. La stabilité d'une communauté et sa résilience aux perturbations dépendent de l'équilibre qui s'établit entre les membres de la communauté qui est donc supposée stable du point de vue de sa composition. C'est l'hypothèse déterministe qui correspond à une représentation mécaniste des systèmes écologiques. On pourrait ici utiliser la métaphore de l'horloge, dans laquelle tous les éléments sont indispensables au bon fonctionnement du système.

– Pour l'hypothèse stochastique, la présence d'une espèce au sein d'une communauté obéit à des stratégies individuelles. Ainsi, les communautés végétales ou animales sont des collections d'espèces qui résultent de la dispersion et de la colonisation de l'écosystème par différentes populations d'espèces qui y trouvent localement des conditions de vie adaptées à leurs besoins. Cette colonisation est en partie le fait du hasard et de la conjoncture. Les peuplements seraient ainsi des assemblages aléatoires d'espèces en perpétuel changement, avec un renouvellement des espèces constituantes sous l'effet conjugué des colonisations et des extinctions, gouvernées, sur le long terme, par les modifications des facteurs de l'environnement.

Bien évidemment, selon que l'on privilégie l'une ou l'autre hypothèse on ne verra pas de la même manière la question des introductions d'espèces, ni les modifications des peuplements résultant des changements climatiques ou des activités humaines. Pour l'approche déterministe, il faut conserver les peuplements dans leur intégrité... c'est souvent la démarche des milieux conservationnistes. Pour l'approche stochastique, les peuplements sont évolutifs et les écosystèmes s'adaptent en permanence aux introductions ou aux disparitions d'espèces... De fait, de très nombreuses espèces ont disparu dans le passé sans que la vie n'arrête pour autant de se diversifier et les écosystèmes de fonctionner. Les écosystèmes n'ont plus à faire la preuve de leurs capacités d'adaptation aux changements et aux « catastrophes » naturelles qui les ont affectés. Ceci renvoie à un autre débat qui est que les écosystèmes ne sont pas des structures stables dans le temps, mais que leur dynamique s'inscrit sur des trajectoires spatiales et temporelles. Ce paradigme écologique remet en cause le principe de stabilité et d'équilibre des écosystèmes qui a longtemps prévalu en écologie, et perdure dans beaucoup d'esprit. Rappelons simplement que la flore et la faune européenne ont connu de grandes perturbations dans le passé avec plusieurs cycles de glaciations/réchauffement climatique, et que la diversité biologique actuelle est le produit d'une recolonisation récente à partir de zones refuges méridionales, ainsi que d'introductions d'espèces associées aux activités humaines.

Compétition et/ou mutualisme ?

L'idée selon laquelle les espèces sont en compétition est également profondément ancrée dans les esprits. Elle imprègne une grande partie de l'écologie : compétition entre espèces et entre individus au sein d'une espèce, compétition pour des habitats, des ressources trophiques, principe de la compétition exclusive, etc. La compétition occupe de fait une place de choix dans les manuels d'écologie. Dans son ouvrage sur l'origine des espèces, Darwin a parlé de « *struggle for life* » ou « lutte pour la vie ». Une expression qui a donné lieu à de nombreuses exégèses. Darwin avait connaissance des théories de Malthus selon lesquelles la population humaine croît plus vite que la disponibilité des ressources, de telle sorte que tous les individus ne peuvent survivre. Il convient donc de limiter la croissance de la population, sous peine de paupérisation. On a attribué à Darwin l'expression « la survie du plus apte », alors qu'il ne l'a jamais écrite. Elle est de la plume d'Herbert Spencer, dans ses *Principes de biologie* écrits en 1864, cinq ans après la publication de *L'Origine des espèces.* Spencer applique les idées de Darwin à la société humaine. Il s'agit d'une déformation de la théorie darwinienne qui laisse penser que sélection naturelle veut dire sélection du meilleur... Or, selon la théorie darwinienne, l'avantage dans un milieu donné peut devenir désavantage dans un autre.

La lutte pour la vie, chez Darwin, ne se résume donc pas au fait de vouloir écraser l'autre. Pourtant les scientifiques ont longtemps privilégié les travaux sur la compétition entre espèces, contribuant ainsi à pérenniser cette idée que l'évolution tendait à sélectionner les meilleurs. On retrouve dans le principe écologique de l'exclusion compétitive l'idée malthusienne selon laquelle une espèce qui s'assure le contrôle d'une ressource élimine les populations d'autres espèces utilisant cette ressource. Cette idée de compétition se retrouve aussi dans les discours sur les espèces introduites qui « éliminent » les espèces autochtones…

La compétition existe, il n'y a aucun doute. Mais est-ce le type d'interaction dominant entre les espèces ? Bien qu'on l'évoque souvent, la compétition est souvent bien difficile à établir. C'est une boîte noire souvent utilisée sans trop de discernement pour cacher la méconnaissance quand on n'a pas d'autre explication, mais sans que le phénomène ait été démontré.

Pourtant, il y a d'autres alternatives à la compétition. Ainsi, le géographe russe Kropotkine publia, en 1902, *L'Entraide, un facteur de l'évolution*, pour introduire l'idée du rôle de la coopération dans l'évolution. Il a vivement critiqué l'interprétation faite par Spencer et d'autres de la pensée darwinienne : « ils ont conçu le monde animal comme un monde de lutte perpétuelle entre individus affamés et assoiffés de sang […] ils ont élevé la lutte sans pitié pour l'avantage personnel au rang de principe biologique auquel l'homme même doit se soumettre […] mais cela n'est absolument pas une loi de la nature ; c'est le tribut payé par les scientifiques darwiniens à leur éducation bourgeoise ! » Pour Kropotkine, les mieux adaptés ne sont pas les plus agressifs, mais les plus solidaires. Dans la lutte pour la vie, la meilleure des armes consiste dans la solidarité et l'association. Cette même idée a été reprise par un biologiste japonais, Kinji Imanishi, qui a proposé une théorie de l'évolution basée sur la solidarité du groupe et sur le mutualisme dans son ouvrage *A Japanese View of Nature: The World of Living Things* publié en 1941. Pour lui, la coopération l'emporte largement sur la compétition. Cette théorie s'inscrit dans la pensée religieuse orientale qui prône la bienveillance et la solidarité. À l'opposé, certains estiment que le goût de la lutte et de la compétition fait partie du fonds culturel occidental qui privilégie l'individualisme.

Les recherches sur la coopération entre espèces se sont développées tardivement. Le commensalisme est une relation dans laquelle une espèce tire profit d'une association alors que l'autre n'y trouve ni avantage ni inconvénient à l'exemple des épiphytes comme les orchidées. Ce sont des plantes qui vivent en utilisant d'autres plantes comme support, mais qui ne sont pas des parasites car elles ne prélèvent pas de nourriture sur leur hôte. Le mutualisme est l'association à bénéfices réciproques entre deux espèces qui peuvent néanmoins mener une vie indépendante. On parle de symbiose quand la relation est obligatoire et indissoluble entre les espèces, à l'exemple des lichens (cyanobactérie ou algue verte, et champignon) ou des coraux (les madrépores renferment des algues unicellulaires dans leurs tissus).

On sait également que les êtres vivants sont capables de communiquer entre eux par différents moyens physiques et chimiques. Si on connaît depuis longtemps les capacités des animaux à communiquer, la découverte de réseaux de communication chez les plantes fut une surprise. Cette communication peut se faire par le biais des racines, ou dans les parties aériennes. Les plantes disposent en effet de récepteurs sensibles aux composés organiques volatils émis par d'autres plantes. En cas d'attaque par des herbivores, certains végétaux envoient des signaux chimiques qui, une fois captés par leurs voisins, les aident à mettre en place des stratégies de défense… Ces réseaux de communication dans le monde vivant devraient interpeller les écologues, car c'est un élément probablement aussi important dans le fonctionnement des systèmes écologiques, que les réseaux trophiques. Mais la science écologique n'a pas encore pris la mesure de cette thématique qui, il est vrai, reste difficile à étudier.

Le rôle majeur, mais encore mal connu, des micro-organismes

En écologie, le rôle des espèces dans le fonctionnement des écosystèmes s'est pendant longtemps focalisé sur les espèces macroscopiques, et sur les chaînes trophiques avec les relations proies/prédateurs. Les recherches de ces dernières années ont fait émerger de nouvelles perspectives en mettant en évidence le rôle prépondérant des micro-organismes (bactéries, champignons, protistes, virus, etc.) dans les flux de matière et d'énergie au sein des systèmes écologiques. Ce sont eux qui assurent en particulier le recyclage et la reminéralisation de la matière organique, un processus essentiel pour le maintien de la vie sur terre. Sans eux, les végétaux ne disposeraient pas des sels minéraux nécessaires à la synthèse de la matière organique. Ces travaux pourraient fortement relativiser l'importance que nous avons donnée jusqu'ici au rôle des macro-organismes dans le fonctionnement des systèmes écologiques. Petit problème : la notion d'espèce est inapplicable chez les micro-organismes et il faut avoir recours à leur identification génétique, ce qui est maintenant possible.

En effet, les nouvelles technologies de séquençage de l'ADN ont permis des progrès considérables dans l'identification des micro-organismes, permettant d'accéder à des groupes taxinomiques encore inconnus jusqu'ici. Sous le terme « métagénomique environnementale », on désigne l'ensemble des séquences d'ADN extraites de communautés multispécifiques prélevées dans l'environnement. Et l'on a pu ainsi identifier une quantité considérable de micro-organismes qui étaient jusqu'ici passés inaperçus. Par exemple, les sols renferment de l'ordre de 1,5 tonne de bactéries à l'hectare présentant une diversité de l'ordre de 104 à 106 génomes par gramme de sol. Or seulement 8 000 espèces bactériennes environ sont répertoriées à ce jour… Dans les milieux marins, les micro-organismes assurent à eux seuls plus de 50 % de la production primaire des écosystèmes océaniques. Le phytoplancton produit, quant à lui, environ 50 % de l'oxygène de la planète… Mais on parle peu des micro-organismes dans les milieux conservationnistes.

Les virus constituent également un formidable réservoir de diversité très mal exploré. En milieu aquatique, les virus représentent quelques dizaines de millions de particules par millilitre d'eau. Ils sont susceptibles d'infecter tous les types d'organismes avec une grande spécificité d'hôte et ils jouent un rôle clé dans le contrôle et la régulation des populations de micro-organismes, qu'il s'agisse de bactéries, de cellules phytoplanctoniques ou encore de petits protozoaires, influençant ainsi les flux de matière et d'énergie dans les écosystèmes naturels.

De manière générale, le rôle des bactéries et des virus dans les écosystèmes a été largement sous-estimé et l'écologie bactérienne et virale, en cours de développement, devrait nous apporter de nombreuses surprises.

Toutes les espèces ne jouent pas le même rôle dans les écosystèmes : certaines jouent un rôle plus structurant que d'autres. Toutes les espèces ne sont pas non plus nécessaires au fonctionnement des écosystèmes, du fait de leur redondance écologique avec d'autres espèces présentes. Quant aux concepts relatifs aux rapports entre espèces (compétition ou mutualisme), ils n'échappent pas aux présupposés idéologiques. Il faut donc aborder cette question du rôle des espèces dans l'écosystème avec beaucoup d'esprit critique afin d'éviter le piège des discours militants.

Les écosystèmes ont des capacités d'adaptation importantes aussi bien lorsqu'ils perdent des espèces que lorsqu'ils en acquièrent de nouvelles comme l'a montré l'écologie rétrospective. Mettre en avant que la disparition d'une espèce compromet le fonctionnement de l'écosystème est donc un argument spécieux qui renvoie à une vision statique des systèmes écologiques. On sait maintenant que les écosystèmes sont des entités évolutives dont la composition et la structure se modifient dans le temps sous l'effet des facteurs de l'environnement. On parle ainsi de trajectoires spatio-temporelles, ce qui remet en cause le paradigme de l'équilibre et de la stabilité qui a longtemps prévalu. Il n'y a pas un fonctionnement standard des écosystèmes, mais divers fonctionnements possibles selon les saisons et les circonstances. Il n'y a pas un « bon » état de référence, mais des situations conjoncturelles. C'est ce que nous apprend la réalité du terrain.

Enfin, on a longtemps sous-estimé le rôle fondamental joué par les micro-organismes dans les processus écosystémiques. Le développement des techniques moléculaires nous permet maintenant d'espérer de nouveaux développements concernant le fonctionnement des systèmes écologiques, avec un poids beaucoup plus important donné aux micro-organismes par rapport aux espèces macroscopiques. Ce n'est pas pour autant que ces dernières soient inutiles, mais beaucoup ne sont pas essentielles au fonctionnement des écosystèmes. En leur absence, les systèmes fonctionnent différemment, mais ils fonctionnent. Que l'on veuille protéger toutes les espèces, ou que l'on estime qu'elles ne sont pas toutes nécessaires, relève alors d'un choix de société par rapport à des valeurs éthiques (conservation de la nature) ou à des critères sociaux et économiques (lutte contre les espèces nuisibles par exemple).

Christian Lévêque

« L'homme est responsable d'une destruction massive de la biodiversité. »

La disparition d'espèces fait partie du cours naturel de l'histoire de la Terre. Cependant, l'activité humaine a accéléré le rythme d'extinction, qui est au moins 100 fois supérieur au rythme naturel d'extinction, un rythme qui ne cesse d'augmenter, certains biologistes renommés comme E.O. Wilson parlent de 1 000 fois ! L'extinction actuelle, provoquée par les activités humaines, est comparable à une crise biologique majeure puisque d'ici à 2050, on considère que 25 à 50 % des espèces auront disparu.

Notre-planete.info

À en croire les discours médiatiques, relayés par certains scientifiques, nous serions en train de vivre la sixième grande extinction de masse. « On peut perdre la moitié des espèces vivantes d'ici à la fin de siècle ». Tel est le titre d'une interview du président du Muséum national d'histoire naturelle en mai 2010, largement relayée par les médias. La suite de cet entretien est cependant plus nuancée. Les journalistes ont-ils caricaturé ses propos, ou bien ceux-ci sont-ils délibérés pour attirer l'attention des lecteurs ? En réalité, la dramatisation est devenue un mode de communication privilégié dans le domaine de l'environnement. Et, en ce qui concerne la biodiversité*, la propension de certains groupes sociaux à dramatiser a été particulièrement active. L'objectif, bien entendu, est de se faire entendre des médias à l'affût de sensationnalisme, ces derniers répandant ensuite auprès du public des informations au mieux caricaturales, au pire instrumentalisées.

Il ne s'agit évidemment pas de nier l'impact de l'homme sur la biodiversité. Les faits sont bien établis pour certains groupes animaux qui sont effectivement fortement impactés. Et, il faut le souligner, la situation est préoccupante pour nombre d'espèces de vertébrés. Mais il faut aussi garder le sens de la mesure, et tous les groupes taxonomiques ne sont pas dans la même situation. On peut donc regretter que des chiffres discutables et le plus souvent spéculatifs concernant l'érosion de la biodiversité soient utilisés en permanence pour sensibiliser l'opinion. On peut rappeler à ceux qui auraient perdu la mémoire, que Paul Ehrlich, l'inventeur de la bombe « P » (la bombe démographique, P pour population) et gourou de la biodiversité, annonçait au début des années 1980 que 250 000 espèces disparaissaient chaque année, et que la moitié de la biodiversité aurait disparu en l'an 2000. Ce qui pourrait prêter à sourire aujourd'hui, tout en sachant néanmoins que beaucoup de scientifiques avaient cautionné ces exagérations ! Selon un autre gourou, le biologiste Edward Wilson, la moitié des espèces actuellement présentes sur Terre pourrait avoir disparu d'ici la fin du XXIe siècle. On se donne rendez-vous ?

L'érosion de quoi parle-t-on ?

Les mots ont leur importance et il s'agit de préciser ce qu'ils recouvrent. De quoi parle-t-on en matière d'érosion ? Parle-t-on de l'érosion des habitats, des espèces ou des gènes pour reprendre la définition de la biodiversité ? Parle-t-on de la disparition complète d'une espèce ou de la baisse de ses effectifs, qui peut être inquiétante à l'exemple du rhinocéros ? Parle-t-on de la biodiversité en général, ou de certains groupes taxonomiques, ou encore de certaines espèces emblématiques ?... Dans ce domaine, on a vite tendance à généraliser et à extrapoler à l'ensemble de la diversité biologique des observations locales et conjoncturelles. Si l'impact des activités humaines est avéré sur les vertébrés, c'est bien loin d'être le cas chez les microorganismes qui sont bien plus nombreux ! Et il n'est pas rare de parler de disparition d'espèce quand une population de cette espèce disparaît localement, alors qu'elle est toujours présente ailleurs, ce qui prête bien entendu à confusion.

Certains écosystèmes sont actuellement fortement modifiés par les activités humaines. On a beaucoup parlé de la destruction des forêts tropicales. Ainsi, la forêt de Bornéo où vit l'orang-outang se réduit dramatiquement pour faire place à des cultures de palmiers à huile. Les disparitions d'espèces ont été bien documentées sur les îles, et notamment les îles du Pacifique. Dans ces milieux clos et isolés, les espèces avaient souvent évolué en l'absence de grands prédateurs. C'est ce qui explique notamment l'existence de nombreux oiseaux insulaires dépourvus d'ailes fonctionnelles, à l'image du fameux dodo de l'île Maurice. Avec l'arrivée de l'homme, et de ses espèces domestiques ou commensales* comme le chien, le chat et le rat, ces espèces endémiques* ont été particulièrement vulnérables à la prédation. Bon nombre d'entre elles ont ainsi disparu des îles et alimentent largement la saga des espèces éteintes. Sur les continents, l'impact de l'homme a été moins spectaculaire, même si on peut citer des exemples emblématiques tels que le bison d'Europe, le pigeon migrateur américain ou, plus récemment, le dauphin de Chine.

Qui sait cependant que dans le domaine marin, qui représente 70 % de la surface du globe, on ne signale qu'une poignée d'espèces considérées comme disparues (moins de 20), beaucoup d'entre elles étant, il est vrai, des vertébrés. Si la surexploitation des stocks de poissons marins est bien établie, et que cette situation est préoccupante, il n'y a pas pour autant disparition d'espèces. Le cas du thon rouge est très médiatisé, mais les mesures qui ont été prises en matière de réglementation de la pêche semblent avoir porté leurs fruits. De même, les stocks de la morue de Terre-Neuve, qui avait presque disparu dans les années 1990 sont en voie de reconstitution. La surpêche entraîne néanmoins une modification des écosystèmes marins qui a été bien documentée avec l'apparition, par exemple, de méduses et de mollusques céphalopodes qui viennent occuper la place des espèces de poissons dont les effectifs ont régressé.

Un autre aspect du discours alarmiste est d'extrapoler à l'ensemble du globe des problèmes qui se posent à des échelles locales ou régionales. Peut-on parler d'érosion de la biodiversité en Europe au même titre que dans les régions tropicales ? Certainement pas quand on connaît l'histoire de la biodiversité sur notre continent avec les nombreuses périodes glaciaires qui se sont succédé... L'Europe est une terre de reconquête pour la biodiversité depuis environ 12 000 ans, lorsque le climat s'est réchauffé. Et cette reconquête n'est pas terminée, puisque de nombreuses espèces, que certains qualifient d'invasives, s'installent et se naturalisent encore de nos jours. Si la richesse en espèces de certains groupes taxonomiques est apparemment en régression, la richesse d'autres groupes par contre est en augmentation. Curieusement, à l'exception de quelques groupes taxonomiques, on ne dispose pas des informations qui permettraient de faire un bilan quantifié, groupe par groupe, dans une région donnée. Car ce n'est pas en parlant en général de gains ou de pertes de biodiversité que l'on peut cerner la question. Qui plus est, on parle toujours d'espèces, mais pas des autres niveaux de la diversité biologique... car on a des difficultés à les quantifier.

Les causes de l'érosion

Les causes de l'érosion actuelle de la biodiversité sont assez bien identifiées. Une d'entre elles est la démographie. Il y a environ 10 000 ans nous étions de l'ordre de 6 millions d'individus contre plus de 7 milliards de nos jours. On comprend que pour nourrir et héberger plus d'êtres humains, il faut à la fois plus de place et plus de ressources. L'impact sur les milieux naturels s'est donc mécaniquement accru. L'Américain Paul Ehrlich parle à ce sujet de la bombe « P ». C'est donc en priorité sur la démographie qu'il faudrait agir pour enrayer l'érosion. Certains écologistes intégristes, flirtant avec les idées de la « *deep ecology* », préconisent tout simplement un arrêt de la croissance économique et démographique. Un tel discours vise plus ou moins directement les pays en développement qui connaissent une forte croissance démographique, et qui hébergent une riche diversité biologique. Préconiser la réduction des naissances tend à réveiller les vieux démons du colonialisme, tout en donnant bonne conscience aux pays du Nord dont la population vieillit. Une bonne nouvelle néanmoins : la transition démographique chère aux démographes (c'est-à-dire le ralentissement de la courbe des naissances) s'observe maintenant dans beaucoup de pays en développement. Nous devrions plafonner aux alentours de 9 à 11 milliards d'individus d'ici la fin du siècle.

Plus généralement, en matière d'érosion de la biodiversité, on évoque les quatre cavaliers de l'apocalypse : la destruction des habitats, les invasions biologiques, les pollutions et la surexploitation. Pour faire bonne mesure, le changement climatique est maintenant considéré par certains comme un risque majeur potentiel. Bien évidemment, ces différentes activités ont globalement un impact sur la biodiversité, mais il convient de les apprécier au cas par cas, et de manière objective. Ainsi, si l'homme détruit des habitats dans certaines régions du globe, il en a créé aussi en Europe où nos paysages ruraux, que nous considérons comme la nature, doivent beaucoup à l'agriculture.

Mais ces causes officielles de l'érosion, sont elles-mêmes la conséquence de comportements humains assez bien connus et responsables des excès, notamment la recherche d'un profit rapide à court terme et la corruption. On peut y ajouter la pauvreté, car l'exploitation de la biodiversité est, pour les plus démunis, un moyen de survie. Il ne suffit donc pas de dénoncer les excès, il faut aussi en identifier les causes pour y remédier. Et c'est bien plus difficile ! Le maintien d'aires protégées dans des zones densément peuplées à faible niveau de vie, est ainsi un challenge permanent qui peut basculer à tout moment en période de troubles sociaux.

Les extinctions de masse du passé

Pourquoi parle-t-on d'une sixième extinction de masse ? Les paléontologues ont mis en évidence l'existence au cours de l'évolution de cinq grandes périodes durant lesquelles une grande partie des espèces ont disparu de la surface de la Terre. La première, il y a environ 445 millions d'années (Ma), aurait causé la disparition de 85 % des espèces. Des groupes comme les trilobites, les céphalopodes ou les échinodermes ont été particulièrement affectés. La seconde crise, il y a 375 Ma, a vu disparaître 75 % des espèces marines. La crise du Permien, il y a 250 Ma, a été la plus grave : près de 90 % des espèces marines disparaissent, et environ les deux tiers des insectes. Puis intervient la crise du Trias, il y a 210 Ma, qui affecte de nouveau les organismes marins, et enfin la crise de la fin du Crétacé, il y a 65 Ma, qui est la plus médiatisée puisqu'elle a vu disparaître les dinosaures qui avaient dominé la vie sur Terre pendant près de 140 Ma.

Il s'agit là des principales extinctions massives, mais les paléontologues en recensent une vingtaine d'autres, d'ampleur plus ou moins importante. Au total, ce serait ainsi plus de 99 % des espèces ayant vécu sur Terre qui auraient disparu au cours de l'évolution. Un véritable champ de ruines ! La bonne nouvelle, c'est qu'après chaque extinction la vie a fini par reconquérir le terrain perdu. Mais la reconstitution d'une nouvelle biosphère prend des millions d'années. Malgré tout, on observe une augmentation très nette de la diversité biologique marine et terrestre à partir du Jurassique, il y a 170 Ma.

Les chiffres indiqués sont évidemment des ordres de grandeur, variables d'un auteur à l'autre, et discutables dans le détail. D'une part, les paléontologues sont tributaires de la découverte de gisements fossilifères pour établir leurs statistiques. De nouvelles découvertes pourraient donc modifier ces évaluations. D'autre part, toutes les espèces ne se fossilisent pas et ne laissent pas de traces.

Difficile de savoir, dans ces conditions, si les espèces microscopiques ou sans parties dures susceptibles de se fossiliser ont connu le même sort. Or elles sont très nombreuses ! Ce qui est certain néanmoins, c'est que des groupes entiers ont disparu de la surface du globe sans que l'homme ne s'en mêle.

Y a-t-il une sixième extinction de masse ?

On discute beaucoup, et probablement pour longtemps encore, des causes des extinctions de masse du passé. Certaines pourraient être dues au climat, d'autres aux éruptions volcaniques ou à des collisions avec des météorites. Mais actuellement, on entend partout proclamer que nous sommes entrés dans une sixième période d'extinction de masse, dont l'homme, cette fois, en serait la cause… Il faut dire que pour beaucoup de mouvements militants, l'homme est l'ennemi de la biodiversité et que cette dernière se porterait bien mieux en son absence. Edward Wilson disait d'ailleurs : « Peut-être sommes-nous une anomalie de l'environnement ? Peut-être était-il écrit que l'intelligence viendrait par erreur à cette espèce et serait fatale à la biosphère. » L'ennemi de la biodiversité est ainsi clairement désigné. Et pour M. Paccalet qui se présente comme philosophe (?), « L'homme est le cancer de la terre ». Ce type de propos, dont on appréciera l'amour du prochain, n'est pas rare dans la littérature dite écologiste ou conservationniste. Tout est bon pour stigmatiser l'homme et son impact sur la nature.

L'idée d'une sixième extinction est ainsi devenue un dogme et une évidence, même en l'absence de données validées. On lit couramment que le taux d'extinction actuel des espèces serait 100 à 1 000 fois supérieur à celui des formes fossiles (certains parlent même de 10 000 fois… pour faire bonne mesure). Il s'agit là d'un bel exemple de manipulation des données et d'instrumentalisation des scientifiques aboutissant à la propagation de chiffres grossièrement faux.

Tout d'abord comment estime-t-on le taux d'extinction « naturel », c'est-à-dire sans que l'homme soit en cause ? Sur le site Sagasciences du CNRS, censé diffuser une information scientifique de qualité, on trouve une explication saisissante : la durée de vie moyenne d'une espèce étant de 5 à 10 millions d'années, il suffit de diviser le nombre d'espèces par la durée de vie moyenne pour obtenir un taux d'extinction annuel d'une espèce par million d'espèces... La durée de vie moyenne dont on parle provient de calculs effectués par des paléontologues pour des espèces de vertébrés ayant laissé des restes fossiles. Mais, outre les erreurs inhérentes à ce type de spéculation, extrapoler ces résultats à l'ensemble de la diversité biologique relève de la plus grande fantaisie. Sur quelle base affirmer qu'un micro-organisme a une telle durée de vie ? C'est plus qu'improbable connaissant leur propension à muter. D'autre part les évaluations du nombre total d'espèces qui ont été publiées varient entre 5 et 100 millions !

Quant au taux d'érosion actuel, censé dénoncer les exactions de l'homme, on en cite rarement la source : un travail paru en 1995 dans la revue *Science* sous la plume de quelques chercheurs américains dont Stuart Pimm. Selon les calculs réalisés par ces auteurs, notamment sur les oiseaux et les mammifères (une infime partie de la diversité biologique), le taux d'extinction actuel serait bien plus élevé que le taux supposé d'extinction naturelle. Une lecture attentive de ce travail révèle néanmoins qu'il y a beaucoup d'approximations et d'hypothèses non vérifiées aussi bien pour l'érosion actuelle que pour le calcul du taux d'extinction naturelle que l'on peut qualifier de « bruit de fond ». Ainsi, dans ces calculs, le poids des îles, qui ont été le lieu de beaucoup de disparitions documentées d'espèces endémiques dans les siècles passés, est très important. Ce phénomène est indiscutable mais en travaillant ainsi on introduit un biais systématique : c'est le poids considérable donné aux espèces endémiques (sur les îles, mais pas seulement) qui ont été identifiées par les scientifiques, dans le calcul de l'érosion actuelle. Or dans les calculs sur le taux d'érosion naturelle, il n'y a guère d'espèces endémiques car, d'une part, on ignore leur existence et, d'autre part, la probabilité de retrouver leurs restes est très faible. La surestimation du taux d'érosion est ainsi considérable. On ne s'étendra pas, bien entendu, sur le fait que ces calculs ignorent systématiquement les micro-organismes qui, d'après les microbiologistes, prospèrent très bien dans un monde anthropisé ! Ce qui n'empêche pas de parler de biodiversité de manière globale.

Ce type de résultat, qui prête à discussion sur le plan méthodologique, devait arranger les amateurs de sensationnalisme qui se sont empressés de le reprendre sans autre esprit critique. Ce qui est assez gênant quand on sait que Pimm a déclaré très clairement lors d'une interview en 2008 pour la revue *Science*, que nous étions en train de détruire l'œuvre de Dieu... Tout cela jette la suspicion d'un possible conflit d'intérêts entre le scientifique et le créationniste militant ! On peut donc s'étonner que des informations aussi grossières servent d'argument à des politiques de conservation !

Les chiffres avancés pour parler d'extinction de masse ignorent également le fait que les processus de spéciation (apparition de nouvelles espèces) sont toujours à l'œuvre. Dans ce domaine on manque néanmoins d'informations précises sur les vitesses de spéciation. Il est raisonnable de penser qu'il faut plus de temps pour créer une nouvelle espèce d'oiseau, qu'une espèce d'insecte, ou une espèce de bactérie. Ce qui répond partiellement à l'argument selon lequel les disparitions peuvent se produire rapidement alors que la spéciation est un processus à long terme. Il n'empêche que de nombreuses espèces sont toujours en cours de création, et que ce phénomène peut être assez rapide comme en témoignent, par exemple, les recherches menées sur les petits poissons cichlidés des grands lacs d'Afrique de l'Est. Une nouvelle espèce de moustique serait également apparue dans le métro de Londres en moins d'un siècle. On manque manifestement de recul sur les vitesses de spéciation, qui sont de toute évidence différentes selon les groupes taxonomiques.

Un peu de modération

Il est indéniable que l'espèce humaine est à l'origine de la disparition d'autres espèces et transforme les milieux naturels pour ses besoins économiques. Outre les espèces officiellement disparues, nombre de populations sont actuellement fragilisées, soit par surexploitation, soit parce que leurs conditions d'existence se détériorent. Sans compter que certains types d'habitats sont également fortement érodés. Pas de doute également sur le fait que les vertébrés sont particulièrement affectés, notamment ceux dont la distribution est limitée ou qui font l'objet de braconnage.

Mais il faut se garder d'extrapolations hasardeuses et globalisantes, les situations n'étant pas comparables pour les différents groupes taxonomiques, ou les différentes régions du monde. Les informations qui circulent actuellement sur les taux d'extinction de la « biodiversité » considérée comme une entité unique, sont peu fiables, et l'expression « sixième extinction » est beaucoup plus un slogan médiatique qu'un fait établi.

Selon un bilan paru récemment dans la revue *Science* (M. Dornelas *et al.*, Assemblage Time Series Reveal Biodiversity Change but Not Systematic Loss, *Science*, 2014, 344, 296), malgré la pollution et les autres conséquences de l'activité humaine, le nombre d'espèces, à l'échelle de la planète, ne semble pas diminuer de manière significative. Ces résultats proviennent d'un travail réalisé sur des séries d'observation menées, pour certaines, depuis 1874, dans une centaine de points, dans toutes les régions du globe, des tropiques aux pôles, dans les eaux douces, les océans ou sur terre. Globalement, les séries temporelles (notamment pour les 40 dernières années) ne mettent pas en évidence de changements significatifs dans le nombre d'espèces présentes localement ou régionalement, bien qu'une légère augmentation soit observée dans les régions tempérées. Ces résultats ne confirment donc pas qu'il y aurait une accélération de la perte de la diversité biologique à l'échelle globale. Néanmoins, on a pu constater dans la plupart des régions, qu'il y avait de nombreuses substitutions d'espèces au niveau des peuplements.

Pour les auteurs, le fait qu'ils n'aient pas observé de perte systématique d'espèces à l'échelle globale ne vient pas contredire le fait qu'il y a des espèces en danger ou des habitats menacés. Ils soulignent également que ces substitutions ne se font pas sur la base d'espèces jouant un rôle équivalent ou ayant des traits biologiques similaires, et que, dans un tel contexte, on peut s'attendre à la création de nouveaux écosystèmes… ou du moins d'écosystèmes fonctionnant un peu différemment. Nous sommes loin cependant de la catastrophe annoncée !

Christian Lévêque

« Les ressources en eau sont inépuisables. »

Les richesses naturelles sont inépuisables, car, sans cela,
nous ne les obtiendrions pas gratuitement.

Jean-Baptiste Say, cours complet d'économie politique pratique, 1829

À la différence de la plupart des ressources naturelles, les ressources en eau sont renouvelées par l'éternel retour du cycle de l'eau*, dans lequel s'inscrivent les circuits d'utilisation de l'humanité.

Ce fut pour faire comprendre ce renouvellement qu'Héraclite inscrivit dans le marbre sa célèbre formule : « On ne se baigne pas deux fois dans le même fleuve. » Pas si sûr pourtant : la probabilité que le cycle de l'eau fasse revenir un jour les mêmes molécules d'eau dans tels rivière ou lac est sans aucun doute infime, mais non nulle. Par contre, globalement, l'humanité a nécessairement usé plusieurs fois de la « même eau » au cours des âges : rien que durant le XXe siècle, le volume d'eau cumulé utilisé par l'humanité a dû s'élever à 4 à 5 fois la quantité annuelle que le cycle de l'eau planétaire fait circuler sur les terres émergées (environ 40 000 milliards de m^3).

Renouvelable n'est pas inépuisable

Cela dit, éternel ne veut pas dire infini ou illimité, et renouvelable ne signifie pas inépuisable. Le renouvellement naturel des ressources en eau douce n'est ni sans bornes ni intangible. Et surtout, ce n'est pas à l'échelle planétaire globale que les prélèvements et les consommations nettes sont à comparer aux ressources.

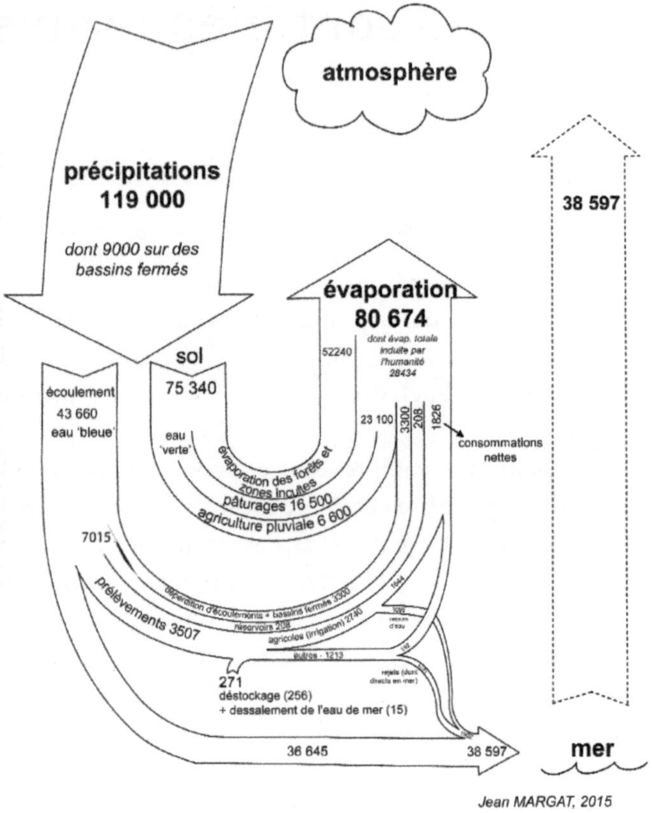

Les utilisations humaines dans le cycle de l'eau terrestre – flux moyens globaux chiffrés en milliards de m³ par an (synthèse réalisée d'après les chiffres de l'IWMI, de la FAO et de l'UNESCO)

Le cycle de l'eau global est fragmenté en d'innombrables circuits locaux qui offrent des ressources renouvelables très inégales, parmi lesquelles les plus faibles peuvent facilement s'épuiser, même si globalement les prélèvements d'eau totaux de l'humanité ne s'élèvent à présent qu'au dixième du flux des eaux continentales.

Les ressources en eau renouvelables sont parfaitement épuisables dès que les prélèvements excèdent les apports naturels dans un territoire délimité et pendant une période donnée, de même qu'un revenu peut être entièrement dépensé et dépassé par un endettement… Épuiser un flux n'a pas le même sens qu'épuiser un stock (comme pour le pétrole ou l'uranium). C'est le capter et le consommer entièrement, ou, ce qui est encore pire, l'affaiblir ou empêcher son renouvellement.

Dès à présent, en quelques pays ou régions du monde, notamment en zone aride ou semi-aride, les prélèvements d'eau ont atteint ou parfois excédé le renouvellement des ressources et entamé les réserves, en somme les « économies » (eaux souterraines essentiellement). C'est particulièrement le cas lorsque sont exploitées des ressources en eau souterraine non renouvelables à l'échelle humaine – eaux fossiles – en Arabie Saoudite et en Libye principalement.

L'eau est vulnérable

Les ressources en eau ne sont pas non plus invulnérables : les qualités des eaux peuvent aussi s'épuiser, quand leur capacité de régénération (d'auto-épuration des eaux courantes) naturelle est saturée. Et ce n'est pas non plus à l'échelle globale que les impacts qui détériorent les qualités s'évaluent, mais plus localement.

Les aménagements dépensent de l'eau

Par ailleurs, les « aménagements des eaux », destinés à maîtriser leur variabilité et à les mobiliser, ne sont pas toujours innocents. Ils en sacrifient ou en altèrent parfois une partie avant tout emploi par les usages ; et ils occupent de manière irréversible les sites qui permettent leur maîtrise. Les ressources en eau ne sont pas toutes les eaux sauvages offertes par la nature et mesurées par les hydrologues : les crues extrêmes génératrices d'inondations provoquant les catastrophes naturelles qui font le plus de victimes et de dégâts sont plus nuisibles qu'utiles ; à l'inverse une partie des basses eaux des rivières doit être conservée pour les écosystèmes aquatiques et sont donc inexploitables.

Avant même les réductions résultant de critères technico-économiques ou écologiques d'exploitabilité, il faut retrancher des flux naturels les effets des rétroactions négatives causées par les efforts de maîtrise des eaux. Trois rétroactions négatives notables des aménagements hydrauliques majeurs, tels que les barrages-réservoirs, sur les ressources en eau renouvelables sont :

– L'évaporation des eaux accumulées ; elle atteint dans le monde à présent environ 200 milliards de m^3 annuels (près de 10 % des consommations nettes totales mondiales). Le seul lac Nasser (réservoir d'Assouan) en Égypte, par exemple, consomme par évaporation 10 milliards de m^3 par an, soit 12 % du débit du Nil, ou l'équivalent de quatre fois les ressources en eau de l'Arabie Saoudite !

– L'envasement des retenues par les sédiments : ce phénomène réduit progressivement leur capacité régulatrice utile et écourte leur durée de fonctionnement parfois à moins d'un siècle. Dans les bassins de la zone semi-aride, où l'érosion est particulièrement active, mais aussi en région méditerranéenne (Espagne, Maghreb) ou en Chine, beaucoup de réservoirs perdent chaque année 2 à 4 % de leur capacité initiale. Ainsi, une part non négligeable des capacités des réservoirs aménagés au cours du XXe siècle est déjà annulée : 10 à 20 % en Algérie, Espagne, Chine…

– L'eutrophisation : elle résulte de l'enrichissement de l'eau accumulée en substances fertilisantes (phosphates, nitrates…), qui détériorent sa qualité.

Les pollutions sacrifient durablement les ressources

Les dégradations de qualité par les multiples formes de pollution sont les conséquences des activités humaines les plus répandues. Elles affectent toutes les phases du cycle de l'eau : des pluies acides aux cours d'eau transformés en égouts à ciel ouvert ou aux eaux souterraines particulièrement vulnérables, en raison de leur faible résilience.

Les pluies acides

Cet exemple de pollution atmosphérique se joue des frontières : chargées de polluants (acides chlorhydrique, nitrique ou sulfurique) issus de la combustion du charbon et des hydrocarbures principalement, les pluies s'abattent avec un pH souvent inférieur à 4,5. Ceci pose problème car en s'acidifiant, l'eau acquiert la capacité de dissoudre certains ions métalliques dans le sol ou les conduites d'adduction d'eau. Elle peut ainsi parvenir au robinet chargée d'éléments tels que l'aluminium, le cadmium, le cuivre, le plomb ou le zinc. Ce phénomène est d'autant plus préoccupant là où les eaux ont déjà une acidité naturelle appréciable.

Ces pollutions de sources locales ou diffuses résultent des défauts d'assainissement urbain comme d'épuration des eaux usées, des excès de fertilisants et de pesticides de l'agriculture intensive, d'accidents de transport ou de stockage, de défauts de gestion des déchets urbains ou industriels. D'après l'Unesco, ces flux d'eaux usées urbaines et industrielles du monde entier ont été multipliés par 20 au cours du XXe siècle, passant de moins de 50 milliards de m^3 par an en 1900 à plus de 1 000 milliards de m^3 par an à présent. Ces détériorations de qualité se sont aggravées à l'époque historique récente, appauvrissent souvent durablement les ressources et réduisent les quantités d'eau utilisables. C'est d'autant plus préjudiciable dans les régions où les ressources sont déjà rares.

Leur renouvellement et leur régénération par le cycle de l'eau planétaire sont effectifs seulement, répétons-le, à l'échelle globale. Des épuisements par les excès d'exploitation ou par les dégradations de qualité n'en sont pas moins possibles et durables localement ou régionalement.

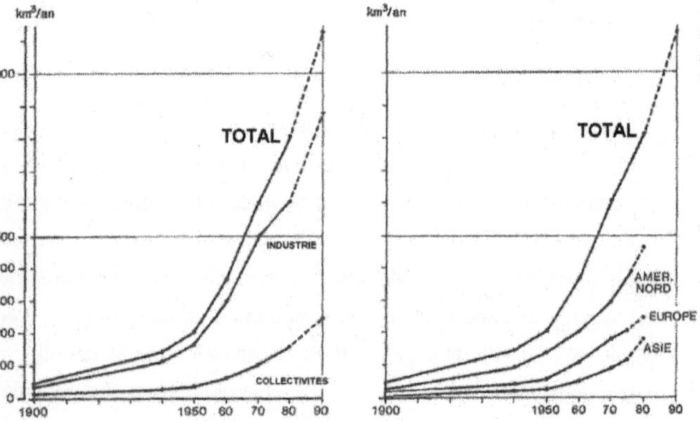

Évolution au XXe siècle des rejets mondiaux d'eaux résiduaires industrielles et d'eaux usées urbaines.

Jean Margat & Vazken Andréassian

« Les problèmes de pollution des eaux vont croissant. »

Tout est poison, rien n'est poison, tout est question de dose.

Claude Bernard (d'après Paracelse),
Leçons sur les effets des substances toxiques médicamenteuses, 1857

L'une des idées reçues les plus profondément enracinées à propos des ressources en eau a trait à la pollution : sa progression serait constante et inéluctable. D'ailleurs, dans certains pays, on se risque même à chiffrer la proportion polluée des ressources globales en eau : elle serait de l'ordre de 70 % pour l'Inde par exemple. Ici, nous allons tout d'abord essayer de mieux définir les pollutions, et nous interroger sur la capacité des systèmes naturels à les surmonter. Nous verrons alors qu'il y a à la fois de quoi se réjouir… et s'inquiéter.

Il n'y a pas une pollution mais des pollutions

Il serait facile de statuer sur les pollutions si on disposait de normes claires, si on pouvait mesurer un paramètre chimique dans l'eau et décider, suivant qu'on excède une valeur seuil ou pas, que l'eau est polluée ou non. Mais on ne peut définir une norme unique de pollution ; il n'y a pas une mais des pollutions. Tout dépend de quel point de vue on souhaite se placer et de l'usage que nous voulons faire de la ressource en eau. Car si la pollution se réfère à une perte de qualité… il faut bien réaliser qu'il existe une qualité optimale pour chaque usage ! Par exemple, on considère que pour l'eau potable, la concentration en nitrates ne doit pas dépasser 50 mg/l. Mais à l'évidence, boire une eau à 49 ou à 51 mg/l ne fera aucune différence. De plus, les nitrates sont des engrais, de sorte que leur présence est même bénéfique pour l'eau d'irrigation.

Dans le même ordre d'idée, on considère que les rejets d'eau chaude de refroidissement des usines électriques – ils élèvent la température des fleuves et perturbent ainsi l'équilibre du milieu aquatique, sa teneur en oxygène dissous – constituent une pollution thermique. Si elle est effectivement nuisible aux poissons... elle est tout à fait bénéfique pour les crocodiles que l'on élève dans l'eau chaude rejetée par la centrale de Pierrelatte dans la Drôme.

Présenter une seule définition de la pollution serait donc nécessairement simpliste.

Pourquoi l'eutrophisation est prise comme synonyme de pollution

Les scientifiques qui étudient les lacs – les limnologues – les classent en trois catégories : ils parlent ainsi de lacs oligotrophes, mésotrophes et eutrophes. Depuis les années 1970, « eutrophisation » est devenu synonyme de « pollution ». Revenons cependant un instant sur l'étymologie : un milieu eutrophe est en fait un milieu « bien nourri », c'est-à-dire riche en aliments. À l'autre bout, le milieu oligotrophe est pauvre en aliments.

Le fait est que les lacs ont été enrichis par les engrais agricoles (principalement phosphates et nitrates), et que lorsque ces éléments ont cessé d'être des facteurs limitants de la croissance des algues, les lacs ont « fleuri ». Si cette prolifération est considérée comme une marque de pollution ou de déséquilibre (on parle alors de milieu dystrophe), c'est parce qu'elle choque nos habitudes, et qu'elle pousse à l'extinction des espèces nobles telles que les poissons carnivores d'eaux claires et bien oxygénées (les truites, les corégones). Mais ne s'agit-il pas uniquement d'une convention ?

Pollution, auto-épuration et résilience

Dès lors que l'eutrophisation s'installe, on entend souvent dire que les flux d'engrais minéraux ont dépassé le pouvoir auto-épurateur du cours d'eau ou du lac récepteur. De quoi parle-t-on exactement ?

L'auto-épuration couvre l'ensemble des processus biologiques, chimiques et physiques grâce auxquels un écosystème aquatique à l'équilibre transforme ou élimine les substances polluantes (notamment les nutriments en excès) qui lui sont apportées. La capacité d'auto-épuration dépend à la fois de la vitesse de renouvellement de l'eau mais aussi de divers autres facteurs (notamment l'aération et l'ensoleillement qui régulent l'activité biologique). On parle également de résilience, dès lors que le système a quitté son état d'équilibre de manière temporaire, mais qu'il a la capacité d'y revenir sans intervention extérieure.

Ces deux notions – quasiment confondues – sont importantes, car elles traduisent la capacité des milieux aquatiques à tolérer une certaine dose de pollution. La résilience d'un milieu dépend en partie de la rapidité du renouvellement de l'eau dans ce milieu, c'est-à-dire le temps de séjour moyen de l'eau. Celui-ci dépend du rapport entre le flux d'eau et le stock d'eau :

– Dans une rivière, ce rapport est grand, le milieu est donc très résilient par rapport aux pollutions ponctuelles ;

– Dans un lac, il est variable. Pour le lac Léman par exemple, le flux renouvelable d'eau est en moyenne de 8 milliards de m^3 par an, et le volume moyen (le stock) de 90 milliards de m^3 (temps de séjour moyen de l'eau = 11 ans). Le plus grand lac d'eau douce du monde, le Baïkal en Sibérie, a un stock estimé à 23 000 milliards de m^3 et ne se renouvelle qu'en 350 années. C'est donc un géant aux pieds d'argile, plus sensible à l'effet d'accumulation de polluants.

Les nappes souterraines ont souvent des rapports flux/stock faibles (des temps de renouvellement très longs) : ainsi, la nappe de Beauce a un volume stocké de l'ordre de 10 milliards de m³ par an pour un flux de recharge annuel de 1,5 milliard de m³ par an. Si elles réagissent donc peu à des pollutions ponctuelles, les nappes sont par contre très sensibles à leur effet cumulé, d'autant plus que le « mélange » des eaux jeunes et anciennes est bien moins rapide que pour un lac !

Certains problèmes de pollution sont réglés...

Les phosphates des lessives ont longtemps représenté l'un des principaux problèmes d'eutrophisation des rivières et des lacs. Rejetés avec les eaux usées, ils se sont retrouvés dans un milieu où, le phosphate n'étant plus un facteur limitant de la croissance des algues, la biomasse a crû rapidement, avec un effet dévastateur sur les communautés aquatiques. Ainsi, dans le lac Léman, la teneur en phosphates est passée de 10 µg/l dans les années 1960, à 90 µg/l à la fin des années 1970. Grâce aux programmes de réduction d'émission des phosphates, initiés à partir des années 1970, la teneur en phosphates est aujourd'hui descendue au-dessous des 30 µg/l. Les symptômes les plus visibles de l'eutrophisation (blooms algaux) ont en grande partie disparu. Il en va de même pour l'autre grand lac alpin, le lac de Constance.

D'autres problèmes de pollution sont encore très mal connus...

Si la baisse des teneurs en phosphates des cours d'eau français donne matière à espérer qu'il sera possible de juguler les pollutions, il faut cependant souligner que l'on est loin de contrôler les produits phytosanitaires*, aussi connus sous le terme « pesticides », dérivé de l'anglais. Ces derniers présentent quatre caractéristiques extrêmement fâcheuses pour l'environnement :

– Ils sont souvent extrêmement toxiques à faibles doses. Si on manque de recul pour évaluer l'effet d'une exposition répétée à de très faibles doses, la multiplication de cancers chez les agriculteurs qui y sont particulièrement exposés n'en est pas moins préoccupante ;

– Ils sont régulièrement rémanents dans l'environnement (c'est-à-dire qu'ils ne se décomposent que très lentement). Le DDT et le Lindane, aujourd'hui interdits, devaient leur efficacité – et leur toxicité – à cette rémanence ;

– Les molécules concernées étant extrêmement complexes, elles se décomposent progressivement. Les produits de décomposition eux-mêmes peuvent être toxiques, parfois même plus que le produit original, et ils ne sont pas tous connus ;

– Enfin, ces molécules, en raison notamment de la multiplicité de leurs formes d'évolution, sont particulièrement difficiles à détecter.

Moralité : ce n'est pas parce qu'aucun pesticide n'est détecté… que notre eau en est forcément dépourvue !

Jean Margat & Vazken Andréassian

« Les OGM c'est le contraire du développement durable. »

D'ici quelques années on aura bouffé la feuille et tes petits-enfants ils n'auront plus qu'un œil en plein milieu du front. Ils te demanderont pourquoi toi t'en as deux, tu passeras pour un con. [...] Tu leur raconteras l'époque où tu pouvais manger des fruits dans l'herbe allongé dans les prés. Y avait des animaux partout dans la forêt, au début du printemps, les oiseaux revenaient.

Mickey3d, extrait de « Respire », de l'album *Tu vas pas mourir de rire...*, 2002

Ces paroles du chanteur Mickey3d ont l'immense mérite de lier les échelles de temps et d'espace. Elles réalisent ce que le développement durable nous impose de faire : associer le très court terme au très long terme et agir localement tout en pensant globalement... À ce titre, les organismes génétiquement modifiés (OGM) se situent à la croisée de ces échelles et sont, par conséquent, l'objet de vifs débats. Les OGM sont des organismes contenant un ou plusieurs gènes supplémentaires. Pour le moment, les expériences sur les gènes humains ne sont autorisées nulle part dans le monde, celles sur les animaux en sont au stade du laboratoire, tandis que celles sur les végétaux sont passées des champs à la commercialisation. Ce dernier cas est le seul à impliquer tous les acteurs de la société (scientifiques, producteurs, consommateurs, législateurs). Pour les uns, insistant sur les avantages, les OGM s'inscrivent parfaitement dans une démarche de développement durable. Pour les autres, en revanche, les risques potentiels des OGM sont purement et simplement incompatibles avec le développement durable. Les arguments en présence permettent-ils d'y voir plus clair ?

Tout d'abord, il faut garder à l'esprit qu'avec les OGM, une limite de la nature vient d'être franchie. Il ne s'agit plus d'hybridation traditionnelle ou de sélection des meilleures graines à chaque récolte comme le faisaient nos aînés, mais bien de mélange de gènes appartenant à des espèces différentes. Chaque gène ajouté confère à la plante une ou plusieurs propriétés nouvelles. Il faut bien admettre que cette technique est révolutionnaire, et la grande diversité (bien qu'en régression) des espèces terrestres donne une idée de l'étendue des combinaisons possibles. Actuellement, le continent américain (États-Unis, Canada, Brésil, Argentine) est leader en la matière, les cultures transgéniques dans le monde sont estimées par l'ISAAA (International Service for the Acquisition of Agri-biotech Applications) à plus de 175 millions d'hectares en 2013 (contre 1,7 million en 1996), impliquant 18 millions d'agriculteurs, 27 pays producteurs, pour un marché mondial d'environ 15,6 milliards de dollars en 2013 (soit 116,9 milliards de dollars générés par les cultures génétiquement modifiées entre 1996 et 2013).

Pour les promoteurs des OGM, les plantes transgéniques devraient permettre de réaliser ce qu'aucune politique de développement n'a su faire, à savoir nourrir la population mondiale et en particulier les populations des pays en développement (PED). Pour le moment, les recherches sont allées dans trois directions : la consommation, l'industrie et l'agriculture. Pour les consommateurs, les avantages sont nombreux : saveurs et couleurs nouvelles de certains produits, amélioration des conditions de conservation (tomate à maturité retardée), composition chimique modifiée (riz enrichi en vitamine A, laitue à teneur réduite en nitrate, etc.). Pour les industries de transformation, les conditions de production sont meilleures : réduction des rejets de produits polluants (bois transgénique pour la pâte à papier, par exemple). La production agricole, enfin, est rendue plus efficace : plantes résistantes aux champignons ou aux insectes (maïs, blé, colza), désherbage facilité (courgette, soja résistant aux herbicides).

Ainsi, les OGM ne sont donc pas incompatibles avec le développement durable : respect de l'environnement, satisfaction des besoins alimentaires de la population mondiale, pollution réduite des industries de transformation, avantages pour le consommateur... Pourtant, les choses apparaissent moins évidentes dès lors que l'on réintègre dans le raisonnement, comme le suggère Mickey3d, l'espace et le temps.

L'espace d'abord, n'est pas le vase clos d'un laboratoire. Les gènes peuvent « transiter » (par voisinage) vers d'autres plantes (surtout pour la betterave et le colza). Les opposants aux OGM redoutent particulièrement une contamination des cultures à base de semences traditionnelles ou labellisées « biologiques ». Les cas de contamination découverts sont tous systématiquement répertoriés sur un site web établi par les associations Greenpeace et GeneWatch. Pour la seule année 2014, on compte 23 cas de contamination dans 16 pays. Citons : Riz BT63 trouvé dans l'alimentation pour le bétail en Bulgarie, Royaume-Uni, Allemagne, Chypre, France, Espagne, Belgique, Pays-Bas et Irlande ; papaye contaminée en provenance des États-Unis et commercialisée aux Pays-Bas ; papaye thaïlandaise en Allemagne et Norvège ; soja non marqué GM dans les produits de boulangerie en Afrique du sud ; gâteaux de riz chinois génétiquement modifié en Slovénie et Allemagne ; nouilles de riz chinoises en Belgique ; maïs Bt176 dans le maïs soufflé en Argentine ; vitamine chinoise B2 issue de micro-organismes génétiquement modifiés en Allemagne et au Royaume Uni ; graines de coton génétiquement modifié en provenance de Côte d'Ivoire et commercialisées en Italie ; colza contaminé en Suisse, etc. Les risques de contamination n'épargnent pas les plantes sauvages non plus, qui sont susceptibles de devenir, à leur tour, résistantes aux herbicides censés les éliminer ou, dans le pire des scénarios, invasives et destructrices de la biodiversité*.

Cela entraînerait l'agriculture dans « une escalade chimique des plus néfastes », selon l'expression de R. Barbault, D. Bourg et N. Hulot dans *Pour que la Terre reste humaine* (1999). D'autre part, il faut tenir compte de la capacité d'adaptation très forte des petites espèces à cycle biologique rapide (insectes, virus, bactéries). L'utilisation à outrance des pesticides (même les plus forts) montre que la sélection naturelle de ces espèces est affinée et qu'il en ressort toujours un « super-ravageur invulnérable à tous les moyens de lutte ». Les auteurs cités ci-dessus estiment que près de 900 espèces auraient développé des phénomènes de résistance. Il n'y a aucune raison que ces mécanismes de résistance et d'adaptation cessent avec les remèdes génétiques. Enfin, on le voit, les plantes transgéniques n'impliquent pas l'arrêt de l'utilisation des pesticides.

Le temps, ensuite, met en lumière les irréversibilités. Une fois enclenchés les dégâts écologiques décrits ci-dessus, il sera impossible de revenir en arrière. Il faut compter aussi avec un risque sanitaire : l'impact de la consommation des plantes transgéniques sur l'homme. Pour le moment, toutes les études s'accordent sur le fait qu'aucune toxicité aiguë n'a été constatée à court terme. Mais les avis sont beaucoup plus partagés sur une éventuelle toxicité chronique à long terme. En matière d'échanges de gènes entre espèces, « pour ce qui est du long terme, en toute honnêteté, on ne peut rien dire ! » résume, avec une pointe d'ironie P. Chassande dans *Développement durable, pourquoi ? Comment ?* (2002).

La prise en compte de l'espace/temps conduit donc au doute : des risques sanitaires et écologiques ne peuvent être écartés à long terme mais ne peuvent pas non plus être prouvés dès à présent. « Dans le doute, abstiens-toi » diraient aujourd'hui les Anciens. « Principe de précaution » leur répondrait-on ! Conçu pour les risques touchant l'environnement, élargi aux risques sanitaires et alimentaires, ce principe propose de prévenir plutôt que de guérir. Mais est-ce la solution au problème ? Pas si sûr, pour au moins deux raisons. La première, c'est que certains ignorent ce principe, ce qui réduit passablement son efficacité à l'échelle terrestre. Pour les défenseurs du libre-échange mondial (et en particulier pour l'Organisation mondiale du commerce), ce n'est pas aux producteurs de prouver l'innocuité à long terme de leurs produits mais aux consommateurs d'en démontrer les dangers s'ils ne veulent pas les importer ! C'est ainsi que l'Union européenne a été contrainte de lever, après 1999, ses interdictions d'importations de bœuf américain aux hormones. La seconde raison vient des limites du principe de précaution lui-même. Les Académies françaises des sciences et de médecine déclaraient (*Le Monde*, 2 juin 2004) que le principe de précaution « pourrait induire des effets pervers, susceptibles d'avoir des conséquences désastreuses sur les progrès futurs de notre bien-être, de notre santé et de notre environnement. » En d'autres termes, le principe de précaution agirait comme un frein pénalisant la recherche et le progrès et donc le développement durable…

Tout dépend, au final, de la lecture que l'on fait de ce principe. L'Autriche, par exemple, a adopté une posture extrême, en interdisant toute plante transgénique mais prend ainsi le risque de paralyser la recherche et l'innovation. L'interprétation française est plus souple puisque la loi Barnier de 1995 indique qu'en vertu de ce principe, « l'absence de certitudes, compte tenu des connaissances scientifiques et techniques du moment, ne doit pas retarder l'adoption de mesures effectives et proportionnées visant à prévenir un risque de dommages graves et irréversibles à l'environnement, à un coût économiquement acceptable ». Cette interprétation souple n'a pas empêché le dépôt (en vain pour le moment) de plusieurs proposition de lois à l'Assemblée nationale pour borner l'application du principe de précaution (une en 2012, deux en 2013 et deux en 2014). La dernière proposition de loi (n° 2293 déposé par 71 députés dont MM. Woerth, Abad et Accoyer, le 14 octobre 2014) visait à requalifier le principe de précaution en « principe d'innovation responsable » et n'hésitait pas à citer Victor Hugo dès la première phrase de l'exposé des motifs : « Oser : le progrès est à ce prix ». En France, seul le maïs transgénique (ce dernier n'ayant pas de cousin proche parmi les plantes sauvages pouvant être contaminées, contrairement au colza, par exemple) est autorisé à la culture en France.

On le voit, OGM et développement durable ne sont donc pas incompatibles, à condition de poser des garde-fous et les jalons d'un bon usage du principe de précaution, comme c'est le cas en France : différents niveaux de contrôle (études en laboratoire, passage aux champs, surveillance de l'environnement), prise en compte des attentes des citoyens (création de la Haute Autorité de santé en 1996, conférence citoyenne sur les OGM en juin 1998, débat public de février 2002, semaine du développement durable organisée chaque année depuis juin 2004), étiquetage des produits, expertise scientifique indépendante, transparente et pluridisciplinaire, encadrement technique strict des essais (regroupement des sites d'expérimentation, éloignement des autres cultures traditionnelles, etc.). Cet empilement de verrous est nécessaire pour réduire au minimum les risques de défaillances de tel ou tel contrôle. Faut-il rappeler les expériences désastreuses du sang contaminé, de la « vache folle », de l'hormone de croissance où des défaillances graves, impliquant les métiers les plus nobles, en qui le public vouait une confiance totale, ont été mises à jour ?

Pour autant, même sous ces conditions, il serait illusoire de croire que les OGM peuvent résoudre le problème de la faim dans le monde et en particulier dans les PED. Les cultures transgéniques n'en sont qu'à leurs balbutiements, leur emploi généralisé impliquerait des contrôles lourds et permanents, coordonnés entre pays. Elles créent des dépendances nouvelles pour les agriculteurs (cocktail chimique que leur utilisation suppose), risquent de contaminer les cultures locales, etc. Plutôt qu'une révolution verte génétiquement modifiée, une simple modernisation des outils d'exploitation des sols et de la logistique permettrait aux PED d'améliorer significativement leur productivité agricole, avec les risques des OGM en moins.

Assen Slim

Des pays face au défi climatique

« Les États-Unis ne se soucient pas de l'environnement. »

Deuxième plus gros émetteur de CO_2 derrière la Chine, les États-Unis ont, en revanche, un niveau d'émissions par habitant quatre fois plus élevé (19 tonnes de CO_2 par an et par habitant contre 4,5 pour la Chine). Des chiffres préoccupants qui s'expliquent par le niveau de vie élevé des Américains et des transports gourmands en carburant.

Blaise Mao, « CO_2 : qui sont les pays pollueurs ? », *Géo*, 7 décembre 2009

Ce constat revient régulièrement : les États-Unis sont stigmatisés comme des pollueurs invétérés et ils le sont effectivement par leur niveau de vie fondé sur une consommation toujours croissante. Et pourtant, les Américains ont inventé l'écologie : on parlait alors de conservation de la nature.

Les premiers parcs « naturels » sont créés à Yellowstone (1872) et Yosemite (1890), car leurs promoteurs, comme Ferdinand Hayden, ont convaincu le gouvernement fédéral de la disparition rapide des forêts. D'ailleurs, le président Theodore Roosevelt, qui a passé une partie de sa jeunesse dans le Dakota, est très soucieux de préserver des domaines de nature sauvage et a contribué à étendre les possessions fédérales pour éviter les coupes du bois à blanc et les exploitations minières destructrices : « Nous parlons volontiers des ressources inépuisables de notre pays : c'est une erreur. La richesse minière du pays, le charbon et le fer, le pétrole, le gaz naturel ne se reproduisent pas ; à long terme, ils s'épuiseront. Le gaspillage d'aujourd'hui prépare l'épuisement de demain, dont nos descendants souffriront une ou deux générations plus tard. » (1907).

L'élection de son successeur Taft soulève des protestations car celui-ci licencie Gifford Pinchot, le responsable de cette politique novatrice. Après des années 1920 bien peu écologiques en raison de l'essor d'une consommation sans frein symbolisée par l'automobile, le cousin Franklin Roosevelt reprend cette politique en envoyant de jeunes chômeurs nettoyer et aménager les parcs fédéraux au sein du CCC (Civilian Conservation Corps). Ce souci s'est toujours heurté aux lobbies des pétroliers à la recherche de gisements, comme aux partisans de la chasse qui recherchent de nouveaux espaces giboyeux. De plus, la volonté de conservation demeurait élitiste et, dans la vie courante, les Américains s'en préoccupaient peu : les convois vers l'Ouest rejetaient le long de la piste tout ce qui les encombrait et les colons faisaient des feux sans aucune précaution, comme aujourd'hui les plus pauvres laissent leurs vieilles voitures rouiller devant chez eux.

Durant la Seconde Guerre mondiale, les préoccupations de conservation n'ont pas leur place en raison de l'effort de guerre. Mais le mouvement de la population urbaine vers les banlieues, qui s'accentue après 1945, a correspondu le plus souvent à la volonté de fuir l'environnement des villes bruyantes et enfumées. Lors des années 1960, le mouvement des hippies reprend à son compte et prône, entre autres, le souci de la nature, au sein de laquelle ils tentent de trouver un nouvel équilibre. Dans le même temps, les militaires déversent les pires produits sur le Vietnam, comme l'agent orange, dont les effets sur la nature et sur les populations demeurent dévastateurs... Malgré tout, la défense de l'environnement devient une préoccupation du Congrès, qui vote en 1970 une législation sur la pureté de l'air et de l'eau, l'une des plus radicales du temps : dès lors, l'essence sans plomb est distribuée dans la plupart des stations-service (elle ne se répandra en Europe que dix ans plus tard). En Californie, une amende de 1 000 dollars est attribuée pour tout objet jeté par un automobiliste sur l'autoroute, quand obtenir un port d'arme est beaucoup moins coûteux. Les États-Unis fonctionnent sur cette question sur le mode du paradoxe : la préoccupation écologique est

Centrale solaire dans le désert de Mojave en Californie

largement répandue et le programme de relance du président Obama a une importante dimension « verte », mais, en même temps, les industriels, en quête de nouvelles ressources, cherchent à tourner les interdictions d'exploiter les terres fédérales afin d'y trouver ces richesses potentielles (en leurs temps, Ronald Reagan et George Bush les leur avaient partiellement ouvertes).

Ce qui induit que les Américains sont bien les plus grands pollueurs de la planète, en raison d'un mode de consommation qui reste très dommageable, mais beaucoup d'entre eux en sont conscients et tentent de limiter les dégâts dans la lignée de préoccupations plus anciennes. Cette tension permanente entre les écologistes et les entreprises est apparue en pleine lumière au printemps 2010 : le président Obama avait annoncé qu'il souhaitait la levée de l'interdiction de nouveaux forages pétroliers en mer, non pas tant pour satisfaire les exploitants que pour mieux assurer l'indépendance énergétique du pays, mais au même moment l'explosion de la plate-forme pétrolière Deepwater Horizon de BP dans le golfe du Mexique répandait 780 millions de litres sur les plus beaux paysages du delta du Mississippi ; le président n'a pu que revenir sur sa déclaration initiale qui avait trop l'air de complaire à BP et consorts. L'émotion était alors immense et les écologistes ont eu beau jeu de dénoncer ces forages sous-marins très risqués.

Dénoncer les États-Unis comme le plus gros pollueur fait oublier qu'ils sont aussi le pays disposant du plus grand parc éolien installé avec plus de 35 gigawatts et que le président Obama a décidé la pose de panneaux solaires sur le toit de la Maison-Blanche. Le président avait lancé l'idée d'un grand plan de relance par l'environnement, mais ces mesures heurtent des intérêts économiques et des républicains convaincus que le réchauffement climatique est un leurre ; le maintien d'une croissance faible et la victoire des républicains au Congrès le 2 novembre 2010 ont rendu impossible sa réalisation.

Jacques Portes

« Le Brésil est le leader des biocarburants. »

À long terme, les huiles végétales comme matière première
pour le bio-diesel et la canne pour l'éthanol seront des ressources énergétiques
précieuses et stratégiques. À l'intérieur du continent,
ce potentiel énergétique renouvelable pourra s'affirmer.

Carlos Lessa, « Prefácio », *in* Edu Albuquerque (dir.), *Que país é esse ?*, 2006, p. 19

La presse a découvert que le Brésil était une grande puissance économique à l'occasion de la visite de George W. Bush en 2007. Les articles ne parlaient pas des menaces qui pesaient sur l'Amazonie, de la misère des *favelas*, de la désespérance des sans-terre et des sans-toit. Le projet de faire du Brésil un des fournisseurs essentiels de biocarburants pour le monde de demain avait volé la vedette à ces thèmes plus connus.

Le Brésil n'en est pas arrivé là brusquement, d'un coup de baguette magique. Au départ, il y a la pénurie d'énergie qui handicape lourdement l'économie brésilienne jusqu'aux vingt-cinq dernières années : très peu de charbon, trop peu de pétrole, des cours d'eau puissants mais dont l'équipement immobilise des capitaux considérables – que l'on songe aux travaux colossaux des centrales construites sur l'Iguaçu, sur le Tocantins, et ceux que l'on réalise pour équiper les rapides du Rio Madeira, à Porto Velho et en amont, ou l'usine de Bel Monte sur le Rio Xingu.

L'essor de l'économie brésilienne est rapide au cours des années 1960 – on parle de « miracle brésilien ». Le premier choc pétrolier brise l'élan : c'est une catastrophe pour le pays. Les militaires alors au pouvoir cherchent une solution : ils proposent le Plan alcool. Au lieu de marcher à l'essence, les véhicules brésiliens carbureront à l'alcool. C'est plus facile à dire qu'à réaliser. Les moteurs à éthanol ont une déplorable tendance à tousser au démarrage ; ils refusent de se mettre en route lorsqu'il fait froid – moins de 25° (tout est relatif, nous sommes au Brésil !). Pour que le moteur se décide à tourner, il faut lui faire boire un peu d'essence au départ ! Longtemps, le client opte pour un véhicule à essence ou pour un véhicule à alcool. De longues recherches seront nécessaires pour que les moteurs fonctionnent indifféremment à l'un ou à l'autre – on parle de moteurs flex. Le système est inventé et mis au point par l'équipementier italien Magneti Marelli, filiale du groupe Fiat, pour les besoins du marché brésilien.

Au milieu des années 1980, le succès est loin d'être assuré. Avec la stabilisation des prix du pétrole, et les gisements que l'on découvre dans le pays, l'accent cesse d'être mis sur les véhicules à alcool. C'est que le plan pèse lourd sur les finances de l'État : l'alcool coûte plus cher que l'essence, il faut le subventionner. On pensait qu'avec lui, toute pollution allait disparaître. On s'aperçoit que les vapeurs que rejettent les nouveaux moteurs contiennent des aldéhydes, qui font noircir les pierres – comme on le sait depuis longtemps à Cognac.

Mais les intérêts en jeu sont considérables. Jusqu'en 1970, l'essentiel du sucre, d'où on tire l'éthanol, venait des vieilles plantations du Nordeste. Avec le Plan alcool, il faut étendre la culture de la canne. Elle réussit parfaitement dans l'État de São Paulo. Avec le déclin du café, les grandes exploitations qui couvrent les terres violettes sont à la recherche de nouvelles spéculations : l'oranger, le coton, l'eucalyptus pour la fabrication de pâte à papier. Le sucre est d'autant plus volontiers adopté que grâce au Plan alcool, le débouché est assuré. L'État de São Paulo se couvre de plantations. Les usines d'éthanol s'installent au milieu des champs.

Le retour au pétrole est vécu comme une menace par tous les planteurs, les anciens, ceux du Nordeste, et les nouveaux, ceux de São Paulo. C'est à cause d'eux que le Plan alcool est maintenu. Les automobilistes brésiliens ne boudent plus l'éthanol maintenant que les problèmes de démarrage ont été résolus. On achète un véhicule bi-carburant (95 % des automobiles vendues en 2010 : dès lors la presque totalité), et on choisit à la pompe, en fonction des prix.

Cette patience finit par payer. Avec la montée du prix du brut, dans les années 2000, l'éthanol devient compétitif. Le Brésil pourrait maintenant s'en passer car il dispose d'assez de pétrole, mais il veut aussi devenir le premier fournisseur mondial de biocarburants : d'un point de vue écologique, ceux-ci ne produisent pas d'effet de serre, car le carbone des biocarburants a été puisé dans l'atmosphère par la photosynthèse que réalise la canne à sucre ; il y retourne sous forme de gaz carbonique, celui que les moteurs à combustion interne rejettent ; le bilan est nul.

Une fois convenablement enrichis, les sols des *cerrados* conviennent en effet parfaitement à la canne à sucre : si besoin est, les plantations peuvent s'y étaler sur des centaines de milliers de km^2. Ceux qui pensent que le prix du brut va continuer à grimper estiment que la production de bioéthanol brésilien deviendra stratégique. Certains sont même prêts à sacrifier la forêt amazonienne pour faire face à la demande prévisible.

C'est grâce aux biocarburants que la presse mondiale a découvert la puissance économique du Brésil. Elle n'avait pas signalé qu'il était aussi le plus gros producteur et exportateur mondial de minerai de fer, un fournisseur majeur d'alumine et d'aluminium, et qu'il vendait des matériels de plus en plus sophistiqués au reste du monde. Que ce soit à propos des biocarburants que l'on ait pris conscience de la nouvelle puissance économique du Brésil n'est pas indifférent : il s'agit d'un secteur très caractéristique de la modernité économique brésilienne. L'agriculture y est dominée par de grandes exploitations, dorénavant gérées comme des entreprises industrielles et devenues remarquablement performantes ; le marché des biocarburants est né de recherches menées au Brésil par des Brésiliens, en vue de répondre aux besoins énergétiques de leur pays. La puissance des moyens ainsi mis en œuvre ouvre désormais aux producteurs brésiliens d'éthanol le marché mondial – comme cela a été le cas pour le jus d'orange, dont personne ne parle, ou pour le soja qui, après la récolte, alimente une noria sans fin de camions vers les ports exportateurs, ceux de l'Atlantique, ou Porto Velho et Santarém sur l'Amazone et ses affluents. Il faut avoir vu la file – allongée sur cinquante kilomètres et plus – des camions qui attendent d'être déchargés dans les silos de Paranaguá pour mesurer la puissance de ce secteur, et de l'agriculture du pays en général. Par-delà se dessine une puissance économique que plus personne ne peut ignorer.

Les biocarburants répondront-ils aux espoirs qu'ils ont fait naître ? C'est une autre question ! L'éthanol, qui constitue l'essentiel des biocarburants produits au Brésil, est un agrocarburant : sa production recquiert des machines agricoles, du carburant pour les faire fonctionner et des engrais, dont la production est également gourmande en énergie. Son bilan est donc moins favorable qu'il n'apparaît, mais pour la canne à sucre, il est positif.

On reproche aussi aux agrocarburants de remplacer des cultures vivrières, ce qui ferait monter le prix des denrées alimentaires et pourrait engendrer des pénuries. Ce n'est pas vrai pour le Brésil, grande puissance agricole et troisième exportateur mondial en ce domaine : les produits de la terre contribuent pour 38 % aux

L'éthanol transforme les paysages du Centre-Ouest

Nous avons refait, au mois de mars 2008, un itinéraire déjà parcouru dans les années 1990 dans l'État de Goiás. C'était la fin de la saison des pluies et la campagne était merveilleusement verte. Comme dix ans avant, les zébus paissaient tranquillement sur les pâtures parsemées de bouquets d'arbres de cette région vallonnée : l'élevage domine encore cette partie du Centre-Ouest. Mais par endroits, dans les zones plates surtout, le paysage n'est plus le même. Les prairies sont remplacées ici par le soja, là par des cannes qui s'étendent à perte de vue autour d'une nouvelle usine d'éthanol. La zone productrice de canne de sucre progresse vers l'Ouest, dans les zones que le front pionnier *gaucho* a balayées.

exportations du Brésil, qui est le premier vendeur mondial de soja, de café, de tabac et de jus d'orange, et vend aussi beaucoup de viande. Mais 79 % de la production agricole sont destinés au marché intérieur. Les denrées vivrières traditionnelles y tiennent une place importante (18 kg de haricots secs par habitant, 18 kg de pommes de terre, 50 kg de riz, 300 kg de manioc, 330 kg de maïs) ; leur production augmente moins vite (sauf pour le maïs) que celle des produits d'exportation, mais c'est que la consommation stagne car la part qui y est tenue par les denrées d'origine animale, que l'économie brésilienne fournit en abondance, ne cesse d'augmenter. Le Brésil est un des grands importateurs mondiaux de produits alimentaires, mais ce sont des denrées tempérées qu'il ne peut fournir (encore qu'il produise des quantités non négligeables de blé ou de vin) ou des produits déjà transformés selon des technologies qu'il ne possède pas encore. Le problème de la faim et de la malnutrition, qui a considérablement diminué depuis l'arrivée de Lula, n'est pas dû aux insuffisances de la production nationale. C'est un problème de répartition des revenus.

Le danger de renchérissement des produits alimentaires ? Pour le Brésil qui ne manque pas de terres, il est actuellement inexistant. Le vrai problème, c'est que le marché mondial des agrocarburants n'a pas connu jusqu'ici la progression que l'on attendait au milieu des années 2000.

Paul Claval

« L'Amazonie est le poumon (malade) de l'Amérique latine. »

Tout le monde a compris qu'un bien public
allait être détruit sans générer la moindre dynamique
de développement.

Adalberto Verissimo, de l'Institut sur l'homme et l'environnement en Amazonie (Imazon),
cité dans le *Courrier de l'Unesco*, novembre 2000

Première forêt tropicale humide au monde ; premier creuset de biodiversité* ; refuge d'un oiseau sur six, d'un amphibien sur huit, d'un mammifère sur onze, d'un reptile sur quinze et de mille trois cents espèces de poissons ; couverture végétale royalement composée de cinq mille essences d'arbres quand, en Amérique du Nord, on n'en recense que six cent cinquante. Au total, la forêt amazonienne représente près des deux tiers des espaces boisés tropicaux sur Terre et abrite 15 % des espèces végétales et animales connues, dont beaucoup sont endémiques*. Pourtant, malgré ces chiffres vertigineux, la diversité biologique de la région n'a été, jusqu'à aujourd'hui, que relativement peu explorée. Dans l'imaginaire occidental, ce florilège de superlatifs renvoie à un paradis de démesure, chargé d'exotisme et secrètement fantasmé.

La forêt brésilienne est désormais menacée par l'exploitation et la contrebande minières (l'Amazonie abrite la plus vaste mine d'or à ciel ouvert), la monoculture d'exportation insérée dans le complexe agro-alimentaire mondial (céréales, élevage bovin), la construction de la Transamazonienne (percée d'est en ouest), la récolte de bois de chauffage, la culture sur brûlis et l'abattage, souvent illicite, pour les besoins des scieries.

Les atteintes à l'écosystème fragile de la forêt se révèlent à terme préjudiciables à plusieurs titres. Cela met d'abord en péril l'équilibre du système régional des pluies. En effet, par évaporation, l'Amazonie génère un volume de vapeur d'eau qui, par changement d'état, est à l'origine de 60 % des pluies qui arrosent les régions Nord, Centre-Ouest, Sud-Est et Sud du Brésil. Par conséquent, la diminution de la pluviométrie aurait un impact direct sur la productivité agricole dans les États du Mato Grosso, de Goiás ou encore de São Paulo. En outre, la réduction consécutive du débit des fleuves qui entretiennent la centrale hydraulique du barrage d'Itaipu hypothéquerait la sécurité énergétique du pays, puisque 48 % des Brésiliens en dépendent pour leur approvisionnement en électricité. Par ailleurs, les ressources naturelles insoupçonnées de la forêt représentent un potentiel pour la recherche scientifique en général, et pharmaceutique en particulier. On évoque aussi le spectre d'un génocide culturel puisque le mode de vie des peuplades indiennes amazoniennes est tributaire de leur environnement.

Et contrairement à ce que peut laisser penser la luxuriance végétale, les sols de l'Amazonie sont pauvres et peu propices à l'agriculture. Ceci s'explique par le fait que la forêt n'en dépend que peu, recyclant les matières végétales qu'elle produit sous l'action de la chaleur et de l'humidité. La forêt, plutôt que défrichée, a donc surtout vocation à être exploitée durablement, afin d'éviter que « l'enfer vert » ne devienne « le désert rouge ».

C'est pourquoi la déforestation est, en principe, encadrée, mais pas interdite. D'abord pour des raisons stratégiques, dès les années 1960, il s'agit, pour les gouvernements militaires, d'occuper l'Amazonie afin de prévenir toute tentative d'ingérence. Les motifs sont ensuite socio-économiques : face à la pression démographique, la persistance du chômage et la pauvreté, l'enjeu est de « donner des terres aux hommes sans terre, des hommes aux terres sans hommes ». Par ailleurs, le potentiel économique démesuré que représente l'Amazonie subit les pressions conjuguées des investisseurs nationaux comme étrangers, ainsi que l'appétence des sociétés nationales de travaux publics qui convoitent d'autres contrats gigantesques après la construction de Brasilia et de son réseau de desserte. L'Amazonie est alors considérée, dans la conscience collective, comme le dernier espace vierge à conquérir, l'Eldorado ou ce mythe du lieu d'abondance et de prospérité facile.

Différents plans « rationnels », ou « durables », d'occupation des sols ont été élaborés au fil des ans mais n'ont pas permis une réelle réduction du rythme de déforestation, davantage « indexé » sur la conjoncture. Ainsi, si l'on extrapole à partir des taux de déboisement actuels (bien que difficilement consensuels), les forêts tropicales auraient disparu d'ici 2060.

Les politiques publiques fédérales en matière d'environnement se sont révélées ambivalentes. Sous la présidence de Sarney (1985-1990), des programmes de protection ont été élaborés mais conjointement à un programme militaire baptisé « Gouttière nord », prévoyant l'installation de colons dans la région septentrionale. Cardoso (1994-2002) a, quant à lui, créé plusieurs unités de conservation (UC), protégées par le gouvernement fédéral en raison de leur riche biodiversité, mais a relancé la distribution de terres publiques. À son arrivée au pouvoir, l'ancien syndicaliste Lula suscite l'espoir des organisations écologistes, mais sa sympathie écologiste (en faveur d'une politique orientée vers le développement durable) se heurte aux priorités économiques de son gouvernement (soutenant la filière soja, très lucrative à l'exportation). Le gouvernement cherche donc à organiser le territoire de façon rationnelle, avec une vision à moyen terme, en élargissant notamment les zones classées en UC, mais cette démarche génère souvent des conflits et doit faire face à l'incompréhension des acteurs locaux. Le projet de révision du code forestier, prévoyant l'augmentation de l'indice de déforestation autorisé sur les parcelles privées, a ainsi donné lieu à des rivalités violentes. Car si l'opinion publique nationale, tout en refusant les injonctions extérieures, s'oppose aujourd'hui à la déforestation et soutient les ONG écologistes, l'opinion publique locale, elle, dénonce le moralisme des organisations étrangères comme un frein coupable au développement, sous couvert d'écologie. Chaque camp se bat sur le terrain de « l'attitude responsable » à avoir vis-à-vis des générations futures, et l'on retrouve ici la question de savoir si l'écologie n'est pas « un luxe de riches »...

Face à l'urgence de la situation et l'inefficacité des mesures gouvernementales a été soulevée la question de l'internationalisation de ce qui est considéré, certes, comme une richesse nationale, mais au-delà comme le patrimoine de l'humanité. Le G7 (aujourd'hui G8) finance ainsi depuis 1993 un programme pilote pour la conservation des forêts tropicales brésiliennes : il s'agit de l'investissement multilatéral le plus important jamais réalisé pour soutenir le développement durable. Il vise, entre autres, à créer des zones protégées sur 10 % du territoire de l'Amazonie brésilienne. Mais ce programme rencontre encore l'opposition des propriétaires, qui présentent l'Amazonie comme le dernier front pionnier pour l'agriculture et mettent en avant des arguments de sécurité alimentaire. Ils estiment que la société leur est redevable dans la mesure où ils ont renoncé à exploiter en partie leurs terres pour contribuer à la sauvegarde de l'environnement.

En réponse aux velléités d'internationalisation, Cristovam Buarque, ancien ministre brésilien de l'Éducation, a ainsi revendiqué que « quelle que soit l'insuffisance de l'attention de nos gouvernements pour ce patrimoine, il est nôtre. [...] Si, au nom d'une éthique humaniste, nous devions internationaliser l'Amazonie, alors nous devrions internationaliser les réserves de pétrole du monde entier » (discours prononcé en 2000 dans une université américaine).

sous la direction d'Olivier Dabène

« La Chine n'admet pas sa responsabilité en tant que pollueur du monde. »

L'homme doit conquérir la Nature.

Mao cité par Judith Shapiro dans *Mao's War against Nature*, 2001

Si la sortie de la pauvreté a été une nécessité et un objectif de la Chine post-maoïste, le développement durable est une priorité de la Chine post-Deng. La crise écologique actuelle représente un facteur de risque qui perturbe la capacité de prévision et de planification des autorités de Pékin. Depuis le milieu des années 2000, l'action de l'État en faveur de l'environnement manifeste une prise de conscience face à une situation gravissime. Elle est aussi une réponse à la pression croissante de l'opinion publique, qu'elle soit chinoise ou internationale.

Une crise majeure

La modernisation de la Chine a été un vaste processus d'industrialisation et d'urbanisation sans précédent et sans équivalent dans l'Histoire. L'accès au développement économique a correspondu à une sortie massive de la pauvreté extrême mais a également conduit aux usages intensifs de toutes les ressources naturelles et à des consommations d'énergies démesurées. Il est vrai que le pays est encore largement perçu par ses habitants comme un réservoir inépuisable de potentialités en raison de son immensité. La consommation totale d'énergie s'est accrue de 70 % entre 2000 et 2005.

En 2008, la République populaire de Chine (RPC) était le 94e pays sur 133 recensés par l'index de performance environnementale de l'université de Yale et au 116e rang en 2012.

La croissance économique a sollicité l'environnement en aval et en amont de telle sorte que la pollution touche tous les secteurs et toutes les régions. En amont, pour soutenir la croissance économique, les besoins s'expriment sous la forme d'une expansion urbaine galopante, une agriculture intensive, un besoin de ressources en eau et des activités extractives considérables au niveau du charbon, du bois et des hydrocarbures. La pollution industrielle générée en aval affecte les sols, l'air et l'eau.

La Chine représente en 2011 22 % de la population mondiale mais seulement 9 % des surfaces arables, 6,2 % des ressources en eau et seulement 4,5 % des forêts. Un adage traditionnel exprime parfaitement cette contrainte : *ren duo, tian shao*, « beaucoup d'hommes, peu de terres ».

Dans la tradition chinoise, l'eau *(shui)* correspond à l'un des 5 éléments naturels associés aux 12 signes du zodiaque. L'eau, les fleuves et singulièrement le fleuve Jaune *(Huanghe)* sont des symboles ancestraux de sa civilisation. Or, l'eau est devenue rare. La disponibilité en eau douce est d'environ 1 869 m^3/hab, soit 1/4 de la moyenne mondiale ; 400 des 663 grandes villes chinoises sont en pénurie d'approvisionnement et 110 d'entre elles étaient jugées en pénurie sévère en 2010. Par ailleurs, l'eau est très inégalement répartie : les sécheresses chroniques des provinces du Nord contrastent avec les régions du Sud où 80 % des zones d'eau sont concentrées. De plus, la qualité de l'eau, notamment des eaux de surface, est en recul. Particulièrement touchée, la Chine du Nord-Est *(Dongbei)* est souvent sujette à des opérations de déclenchement artificiel de pluie. D'après le rapport 2007 de la Banque mondiale, 115 millions de personnes s'alimentent exclusivement en eaux de surface et sont donc en situation vulnérable. Par conséquent, le taux de mortalité par cancers, associés à la pollution de l'eau, est supérieur à la moyenne mondiale.

La pollution atmosphérique *(qi)* est un autre enjeu majeur. Entre décembre 2012 et février 2013, Pékin a connu des pics de pollution jamais atteints avec des taux de particules fines jusqu'à cinquante fois supérieurs au seuil recommandé par l'Organisation mondiale de la santé (OMS). Depuis 2011, 16 des 20 villes les plus polluées dans le monde sont chinoises (les provinces du Shanxi et du Liaoning sont particulièrement touchées) et plus de 30 % des urbains des grandes villes respirent l'équivalent de 2 paquets de cigarettes par jour (rappelle le projet « Governance and Globalization » de Sciences Po in China). La pollution atmosphérique est très supérieure à celle des villes européennes et nord-américaines qui, elles-mêmes, excèdent déjà largement les standards de l'OMS.

Depuis 2002, en valeur absolue et non par niveau d'émission par habitant, la Chine est également devenue le premier émetteur mondial de SO_2 (dioxyde de soufre) et CO_2. L'origine massive de la pollution de l'air est due en partie au parc automobile, devenu en 2010 le premier marché mondial d'automobiles avec plus de 18 millions de véhicules immatriculés, et à la production d'énergie dont 70 % provient du charbon. La RPC consomme également 4 fois plus d'énergie par unité de PNB (produit national brut) que la moyenne des pays du G7 et 2,4 fois plus que la moyenne mondiale.

En ce qui concerne l'état du sol *(di)*, entre 2000 et 2010, la Chine a perdu 8 millions d'hectares cultivables de sorte que les paysans exploitent aujourd'hui des parcelles de terrain minuscules : 0,67 hectare en moyenne. De plus, les chutes de pluie acide touchant une grande partie du territoire, la Chine connaît l'un des plus graves problèmes d'érosion du sol au monde. Par ailleurs, les ressources forestières sont insuffisantes car entre 20 % à 40 % du couvert forestier a été perdu durant les décennies 1950-1980 en raison de la gestion calamiteuse de l'ère maoïste.

Conseillé par des experts chinois et étrangers, le gouvernement connaît le coût économique global de la crise écologique. Celui-ci était estimé à 1,16 % du PIB* dès 2003 pour la pollution de l'air, 1,9 % du PIB rural en ce qui concerne la pollution de l'eau, 1 % du PIB concernant l'usage industriel de l'eau et 1,8 % du PIB rural pour les dégâts occasionnés par les pluies acides. Le coût total estimé de l'ensemble des pollutions varie entre 2,68 et 5,78 % du PIB chinois selon la Banque mondiale.

Une réelle prise de conscience ?

À partir de 2002, les autorités chinoises semblent avoir pris conscience des dangers qui pèsent sur l'économie même si l'analyse des causes ainsi que les réponses aux problèmes posés varient considérablement d'un ministère à l'autre ou d'une région à l'autre. En juin 2007, le gouvernement a annoncé un plan d'action, véritable recueil de déclarations d'intentions, contre le changement climatique. Il a été notamment décidé de doubler les ressources financières consacrées aux économies d'énergie et à la réduction des émissions de polluants, la Chine souhaitant se positionner pour devenir le futur leader des énergies renouvelables*.

Entre 2007 et 2013, Pékin a lancé des politiques et entamé une législation environnementale très volontaristes. Pour autant, la question de « l'environnement » *(huanjing)* révèle bien les limites du mode de gouvernance chinois qui maintient encore largement la société civile sous contrainte. En juillet 2007, par exemple, on apprenait que Pékin avait obtenu de la Banque mondiale que soit censurée la partie du rapport intitulé « Le coût de la pollution en Chine : estimations économiques des préjudices physiques », sur les risques encourus par la population en raison de la pollution.

La réalité de l'action publique s'observe à travers la conception et la réalisation des plans quinquennaux ainsi que la course à la législation environnementale, aux investissements et à la coopération internationale en la matière. Le 9e plan quinquennal (1996-2000) a reconnu l'état de détérioration de l'environnement et lancé les premiers chantiers législatifs. Le 10e plan (2001-2005) quinquennal a montré une volonté d'intégrer la problématique environnementale dans l'exigence de croissance. Enfin, les objectifs du 11e plan (2006-2015) ont annoncé très officiellement la nécessité de « construire une société durable respectueuse de l'environnement ». Les objectifs des 11e et 12e plans sont, en résumé, de consacrer 1,4 % du PIB au budget de la protection de l'environnement, tenter de collecter 75 milliards de yuans auprès des « pollueurs-payeurs », développer activement différentes formes d'économie circulaire et réduire de façon radicale la consom mation d'énergie par unité de PIB, l'équivalent de l'intensité énergétique. Un autre objectif est d'étendre à 20 % la couverture forestière du pays, améliorer la qualité de l'eau, réduire de 8 % les émissions de CO_2 et de 10 % les émissions de $N\text{-}NH_3$ et NO_x.

Ces mesures apparaissent largement comparables avec la politique de l'Union européenne dite « Paquet énergie-climat* » (2008-2020). Cette conception « par le haut » des problèmes environnementaux en Chine révèle aussi le rôle des ingénieurs dans la conception des politiques publiques.

L'environnement est toutefois un motif important de contestation populaire et de protestation citoyenne, qui elle-même est un moteur de l'action publique. En ce sens, le volontarisme du gouvernement chinois est parfois prométhéen si l'on en juge par certains projets dont, par exemple, le barrage des Trois Gorges *(Sanxia Daba)* sur le fleuve Yangzi dans la province du Hubei qui a été mis en service commercial en 2006 et représente le plus grand ouvrage hydraulique ainsi que la plus grande centrale électrique

La pollution en quelques chiffres

Entre 2006 et 2009, les émissions de CO_2 ont augmenté de 32,5 %. En 2011, il est estimé que 20 % des cours d'eau du pays sont pollués et 1/3 du territoire subit des pluies acides dues en partie au dioxyde de soufre et aux oxydes de nitrogènes des centrales électriques au charbon.

Selon le rapport 2007 de l'Agence de surveillance environnementale néerlandaise (MNP), pour la première fois en 2006, les émissions chinoises de CO_2 ont dépassé celles produites par les États-Unis. Même si, par tête d'habitant, la RPC est encore très loin d'émettre autant que l'Amérique et les autres pays de l'Organisation de coopération et de développement économique (OCDE), les émissions chinoises progressent néanmoins à un rythme vertigineux.

du monde avec ses 185 m de haut et 660 km de longueur de réservoir. De source officielle, l'énergie produite est équivalente à une combustion de 31 millions de tonnes de charbon par an. Le but est de maîtriser le cours du fleuve dont les crues au cours de l'Histoire ont été dévastatrices, y compris à une époque récente, en 1954, 1998 et 2009. Les observateurs étrangers estiment que plus de 1,2 million de personnes ont été déplacées par ces grands travaux (cf. à ce sujet le film *Still Life* du réalisateur Jia Zhangke) et des milliers de sites archéologiques ont été enfouis. L'impact sur la biodiversité* est jugé inquiétant. Ce d'autant plus que la sécurité de la structure du barrage semble aléatoire. À l'inverse, le barrage des Trois Gorges montre la détermination et la capacité d'action de la puissance publique, une fois la volonté politique déterminée.

Les investissements dans le secteur des énergies renouvelables

Des évolutions majeures sur le dossier de l'environnement ont été observées avec notamment la création d'un ministère de la Protection de l'environnement (MEP selon l'acronyme anglais ou *Huanjing Baohubu*), à l'occasion de la restructuration administrative de 2008. Le ministère manque cependant cruellement de moyens et d'attributions pour faire face aux défis brièvement exposés ici. Ainsi, le secteur de l'énergie, le changement climatique et les négociations internationales relèvent d'abord de la responsabilité de la NDRC (Commission nationale de développement et de réforme). Pour autant, une réelle tendance à la diminution des émissions des polluants les plus toxiques peut être observée depuis 2006 : les émissions de SO_2 ont diminué de 5 % en moyenne entre 2007 et 2009. La Chine est en passe de devenir l'un des plus grands investisseurs dans les énergies renouvelables : en 2010, Pékin y a consacré 34,6 milliards de dollars contre 18,6 aux États-Unis, 11,2 au Royaume-Uni, 10,4 en Espagne et 3,3 au Canada.

Pékin explore et n'exclut aucune piste : éoliennes, biomasse, mini-centrales hydrauliques. Chaque option est prise en compte. Ainsi, la Chine est désormais en position de leadership avec l'Union européenne en ce qui concerne les investissements en matière d'énergie solaire et éolienne. Elle produit également 30 % des panneaux photovoltaïques dans le monde grâce à des marques locales comme Yingli Solar, Dongfang Sinoplus, LDK, Renesola. Les voyages dans les grandes étendues chinoises, en Mongolie, dans le Xinjiang, aux abords du plateau tibétain ou dans la Chine centrale, permettent de se faire une idée du parc considérable d'éoliennes dont le pays est maintenant doté. Au sein du G20, le classement de la Chine en la matière est très honorable compte tenu de son entrée tardive dans le secteur. Si l'Espagne consacre 0,74 % de son PIB aux sources d'énergie verte et le Royaume-Uni 0,51 %, la Chine est en troisième position avec 0,39 % devant le Brésil (0,37 %), le Canada (0,25 %) et l'Allemagne (0,15 %).

Un projet de « taxe carbone » visant à transformer la taxe environnementale existante en taxe environnementale basée sur les émissions de CO_2 est à l'étude. Laissant de côté les pollueurs individuels, ce prélèvement de 20 yuans/tCO_2 en 2012 (puis 50 yuans par tonne en 2020) cible les industriels. Taxe nationale, celle-ci permettrait une répartition entre le gouvernement central et les collectivités locales.

Un immense arsenal législatif

Le principe de protection de l'environnement est inscrit dans plusieurs articles de la Constitution, notamment à l'article 9 : « L'état veille à l'utilisation rationnelle des ressources naturelles, à la protection des animaux et des plantes rares ». L'article 26 également porte sur la protection de l'environnement naturel, la pollution et les risques écologiques ainsi que la protection des forêts. « L'État protège et améliore l'environnement dans lequel vivent les gens. Il prévient et contrôle la pollution [...]. L'état organise et encourage le reboisement et la protection des forêts », précise le texte.

Sans constituer l'équivalent d'une Charte environnementale à l'exemple de la France depuis 2004, la Constitution de 1982 est très claire en ce qui concerne le principe de défense environnemental. La Chine est également dotée d'une législation sophistiquée, constituée de 26 lois nationales, 50 régulations administratives, 200 décrets ministériels, 800 standards environnementaux, 1 600 décrets locaux et pas moins de 50 traités internationaux. La RPC est en effet signataire de tous les grands traités internationaux relatifs à l'environnement et notamment le protocole de Montréal pour la protection de la couche d'ozone (1991), la Convention sur la diversité biologique (1993), le protocole de Kyoto* sur le changement climatique (2002) ou encore la Convention de Stockholm sur les polluants organiques persistants.

La législation environnementale proprement dite se divise en trois catégories principales : des lois générales et des lois spécifiques sur la protection de l'environnement et, enfin, des lois relatives à la prévention et au contrôle de la pollution. Dans la première catégorie, on trouve l'importante loi sur la protection de l'environnement, celle sur la promotion de la production propre ainsi que la loi sur l'évaluation de l'impact environnemental de 2002. La loi sur l'énergie renouvelable de 2005, les prairies (2002), l'eau (2002), la pêche (2000), la forêt (amendée en 1998), le charbon (1996), les ressources minérales (1986), la protection des espèces sauvages (1988) et la conservation du sol et de l'eau (1991) font partie de la deuxième catégorie de lois. Les experts attendent des réformes dans le sens d'une plus grande harmonisation des textes car celles de la décennie ont été réalisées sur la base d'emprunts au droit comparé du monde entier. Ils soulignent aussi l'absolue nécessité d'une meilleure définition juridique des critères de pollution.

Parmi les lois relatives à la prévention et au contrôle de la pollution, soulignons celles qui lui sont précisément dédiées depuis 2008 : la loi sur la prévention et le contrôle de la pollution environnementale (2004), la protection et le contrôle de la pollution atmosphérique (2000), la pollution sonore (1996) ou encore la protection de l'environnement maritime (1982). De cet ensemble, la loi sur la protection de l'environnement (1989) est sans doute la plus importante car elle établit certains principes fondamentaux dont celui de combiner prévention et contrôle – en donnant toutefois priorité au premier principe (art. 31) –, la notion de « pollueur-payeur ». Enfin, le texte accorde un rôle central aux administrations au niveau de l'application des textes par rapport au pouvoir des tribunaux. Cette notion est nommée « triple synchronisation » *(san tong shi)* et vise à « prévenir plutôt que guérir, taxer plutôt que sanctionner, administrer plutôt que judiciariser ». L'arsenal législatif de la Chine témoigne de la volonté des pouvoirs publics et ouvre la voie à des recours, à des procédures en cas de violation des textes. La mobilisation de la société civile est aussi de plus en plus visible.

La naissance d'une « conscience écologique »

Plusieurs catastrophes ont marqué les consciences et fait naître un sentiment citoyen favorable à une préservation plus active de l'environnement : le niveau phénoménal de pollution de Pékin durant l'hiver 2012-2013, les cas d'empoisonnement aux métaux lourds de la rivière Xiang dans le Hunan, l'explosion d'usines chimiques, la pollution au benzène de la rivière Songhua, l'affaire de l'usine de traitement dans la ville de Xiamen, qui avait entraîné des manifestations pacifiques sous la forme de promenades, d'envois de tracts et fédéré le ralliement d'activistes à travers tout le pays. Cas de véritable héroïsme, mouvements sporadiques mais puissants relayés par la presse libérale du Sud, de telles actions se multiplient sans qu'il soit encore possible de les institutionnaliser.

Pour autant, les chiffonniers des ruelles *(huishou zhan)*, souvent des travailleurs migrants, assurent un recyclage quasi-total des déchets accumulés dans les grandes villes de Chine. Effectué en charrettes, véhicules à moteur ou cycles improbables, le recyclage est à l'origine d'une véritable économie qui dépasse largement en efficacité les systèmes toujours archaïques des mégalopoles européennes ou américaines.

On observe aussi les traits d'une société très individualiste, caractéristique des modèles post-communistes, rendue vulnérable à l'idée d'une remise en cause du confort matériel récent. Les propriétaires d'automobiles, par exemple, qui font généralement partie des premières générations, entendent jouir pleinement de leur(s) bien(s). Le principe de la conduite alternée est vigoureusement dénoncé par des groupes de consommateurs ou sur les blogs spécialisés pour atteinte au droit à la propriété privée.

La société civile se mobilise donc, malgré de nombreux échecs. En témoignent les actions de l'universitaire et activiste Wang Canfa qui ont permis à son auteur d'obtenir la couverture du *Time Magazine* en octobre 2007 pour la création, en 1994, de la première

La position de la Chine dans les conférences sur le climat

L'environnement est devenu un enjeu majeur du positionnement de la Chine dans les relations internationales. à la conférence de Copenhague sur le climat en 2009, la Chine comme les États-Unis ont refusé de réduire leurs niveaux d'émission de gaz à effet de serre*. La Chine soutient de son côté la ligne dite de « responsabilités communes mais différenciées » en matière de changement climatique. Les pays développés ayant émis une quantité considérable de gaz à effet de serre dans la phase de leur industrialisation depuis le XIXe siècle, ces derniers devraient endosser plus de responsabilités en matière de réduction des émissions de carbone. Deuxièmement, la Chine produisant des biens manufacturés pour le reste du monde, sa responsabilité de pollueur du monde devrait être réévaluée. Lors de la conférence sur le climat de Doha en décembre 2012, une nouvelle fois les États-Unis et la Chine se sont entendus pour ne faire que des déclarations d'intention.

ONG environnementale chinoise : « Friends of Nature ». En 2010, selon des sources officielles, plus de 4 000 associations environnementales existaient en Chine. Celles-ci adoptent le plus souvent une méthode de non-confrontation avec les autorités, y compris Greenpeace et WWF qui ont ouvert des bureaux à Pékin dans les années 2000. Leurs marges de manœuvre sont étroites et leurs statuts précaires en raison d'une loi sur les associations qui contraint tout groupe issu de la société civile à être enregistré auprès d'une institution sous la tutelle du ministère des Affaires civiles, d'où le nom étrange pour ces institutions, d'« ONG gouvernementales ». Ces « GONGO », selon l'acronyme anglais, ont beaucoup de difficultés à accéder à des sources de financement. Il leur est aussi souvent interdit, dans les faits, de se porter partie civile à un procès. La règle n'est toutefois pas automatique. En juillet 2009, par exemple, le tribunal de la ville de Wuxi dans la province du Jiangsu avait accepté de considérer une affaire impliquant une ONG locale.

La pression exercée par les pouvoirs locaux, le manque d'indépendance des médias, la difficulté à rassembler des preuves et à déterminer les responsabilités dans les affaires de pollution (la charge de la preuve revient, en effet, aux victimes) ont pour conséquence qu'à peine 5 % des conflits environnementaux trouvent une solution judiciaire, selon Wang Canfa. Le projet pilote d'établissement de tribunaux environnementaux spécialisés, dans la province du Yunnan, à partir de 2008, n'a pas été convaincant dans le sens où les juges ont traité très peu de litiges.

La législation exige que les entreprises polluantes doivent s'enregistrer auprès des 3 000 bureaux locaux de la protection de l'environnement qui, à travers le pays, délivrent un certificat. La majorité de ces bureaux, dont les ressources financières sont généralement insuffisantes, se retrouvent en situation d'infériorité par rapport aux gouvernements locaux. Les pénalités pour les entreprises polluantes sont souvent inférieures aux coûts liés à la réduction de la pollution. Sans compter que les gouvernements locaux cherchent à protéger leurs intérêts économiques, synonymes d'emplois et de revenus fiscaux, en exerçant le cas échéant un pouvoir discrétionnaire sur les dossiers sensibles. Selon l'universitaire Benjamin Von Roojst, les bureaux locaux de la protection de l'environnement peuvent même avoir intérêt à maintenir des usines polluantes car celles-ci constituent, grâce aux taxes, leurs principales sources de revenus.

Stéphanie Balme

« Le Japon est sans cesse frappé par les catastrophes naturelles. »

Le Japon peut vivre sans aucun contact avec l'étranger parce que c'est un pays très favorisé. [...] Son climat est très favorable : il rend les femmes fécondes, les terres fertiles, les maladies rares.

Engelbert Kaempfer, *Histoire et description générale du Japon*, 1727

La nature japonaise frappe l'imagination par ses extrêmes, surtout pour des populations vivant en milieu tempéré. Les aléas naturels y sont en effet variés et destructeurs : séismes en premier lieu, mais aussi tsunami, volcanisme actif, typhons, inondations, éboulements et glissements de terrain, déluges au sud, coups de froid au nord, abondantes chutes de neige sur le littoral de la mer du Japon, vagues de sécheresse parfois... Placé géologiquement sur l'instable ceinture de feu du Pacifique et situé à des latitudes qui le soumettent climatiquement aux violences des tropiques ou bien aux coulées d'air polaire, l'archipel japonais est confronté aux soubresauts de la nature.

L'expression contemporaine de *saigai*, qui signifie « dégâts » *(gai)* provoqués par « l'eau et le feu » (idéophonogramme de *sai*), ne comporte pas la notion de « risque » véhiculée par le vocabulaire occidental. Elle affirme plutôt celle d'une manifestation régulière et paroxystique de la nature où les forces telluriques et cosmiques sont animées par le « souffle de l'énergie » (j. *ki*, ch. *qi*). La traduction anglophone de Japan Meteorological Agency ne transcrit donc pas le véritable contenu de la dénomination japonaise *(Kishô-chô)* qui est « secrétariat d'État » *(chô)* des « phénomènes » *(shô)* du *ki*. Cet organisme ne s'occupe d'ailleurs pas seulement du climat mais aussi de la surveillance sismique et volcanique.

Les manifestations extrêmes de la nature sont cycliques, régulières et, en un sens, prévisibles, à l'exception majeure des séismes malgré les progrès de la sismographie. Les habitants peuvent donc les prévoir et s'en prémunir. Les Japonais n'ont pas manqué de le faire, en multipliant les parades depuis plusieurs siècles. On peut même affirmer qu'il ne s'agit pas d'une simple adaptation, réactive, plus ou moins passive, mais d'un processus de maîtrise technologique et sociétaire active, d'une culture cyndinique (la gestion du risque). Cette dynamique séculaire d'aménagement intensif est un gage de développement économique. Encore de nos jours, elle s'épanouit avec excès au sein de l'actuel État keynésien, bâtisseur et bétonneur forcené, qui multiplie ouvrages d'art, infrastructures (ponts, tunnels, routes…) et équipements anti-érosion dont l'utilité réelle n'est pas toujours évidente.

Les pagodes japonaises s'enorgueillissent d'une antisismicité ancestrale. Construites en bois, elles sont plus souples que leurs homologues chinoises bâties en pierre. Elles reposent sur un emboîtement sans mortaises, ni tenons, ni clous, de différents niveaux, contrebalancés par des chevrons et des corbeaux, verrouillés par un pilier central qui n'est pas enfoncé dans le sol. Cette architecture leur garantit une grande force d'amortissement. En cas de secousse ou de grand souffle, la pagode oscille de tous côtés, comme une « danse du serpent » ainsi que la décrivent les architectes traditionnels.

Les querelles entre techniciens pour analyser la secousse sismique et concevoir les moyens nécessaires pour la contrebalancer ont ralenti la construction antisismique, mais elles n'ont pas empêché des progrès majeurs. Les grandes villes japonaises sont ainsi dotées de gratte-ciels, notamment dans le vice-centre de Shinjuku à Tôkyô où ils atteignent une soixantaine d'étages. Mais s'il existe une architecture antisismique, il n'y a pas de véritable urbanisme antisismique au Japon dans la mesure où les règlements d'urbanisme

La catastrophe naturelle absente de la mythologie japonaise ?

Le terme de *wazawai*, que l'on pourrait traduire par « catastrophe naturelle », n'apparaît qu'à deux reprises dans le Kojiki, le premier texte mythologique japonais (712). Il implique le dieu Susanowo, figure du « bébé pleurard » ou du « *trickster* » (le farceur, le fripon), qui provoque sa sœur Amaterasu, la déesse du soleil.

Sémantiquement, *wazawai* signifie infortune, désastre, calamité ou malheur. Faire *wazawai (wazawai-suru)*, c'est commettre du tort, ruiner. Initialement, *waza* exprime un « sens profond », celui qui est donné par les *kami* (les déités du shintô) puis par Bouddha. Quant à *wai*, il désigne la félicité. *Wazawai* indique donc une manifestation divine allant de la prospérité à la calamité. Cette ambivalence est rendue par l'idéographie du *Kojiki* qui renvoie au mot d'*ayakashi*. Celui-ci désigne à l'origine un esprit de la mer, chanceux ou un peu fou, et, sous une autre lecture, l'esprit en général ainsi que le fantôme *(yôkai)*. Tous ces termes véhiculent l'idée de changement phénoménal.

Le *Kojiki* ne nous dit cependant rien sur ce que le *wazawai* représente concrètement. L'autre récit mythologique du *Nishonshoki* (720) le relie aux dommages venant des oiseaux, des bêtes sauvages ou des insectes. Ils ne font donc pas référence au séisme, au tsunami, au déluge ou au volcanisme éruptif.

Ainsi, contrairement à ce que l'on pouvait attendre de récits remplis de procréations, de foucades ou de colères, et pour un pays traversé d'aléas naturels, ceux-ci sont singulièrement absents des mémoires les plus anciennes. Par la suite, *wazawai* sera idéographié avec les caractères combinés de l'eau et du feu, et se retrouve dans le terme moderne de *saigai* que l'on peut traduire par dégâts d'un aléa ou d'une catastrophe.

sont loin d'être respectés et les prospectives géologiques diversement interprétées.

D'où le choc provoqué par le séisme qui frappa la ville de Kôbe et ses alentours le 17 janvier 1995, causant la disparition de 6 308 personnes et la destruction de 100 282 bâtiments. Alors que l'accent avait été mis sur le risque encouru par le Kantô où se trouve la capitale, durement affecté en 1923 (142 807 morts), ou par le Tôkai (département de Shizuoka), cette région avait été négligée.

Le drame de Kôbe montre aussi l'inégalité sociospatiale dans la catastrophe : les quartiers populaires, vétustes, densément bâtis, avec des constructions à ossature en bois bâties sur des terrains plutôt alluviaux, ont été plus durement touchés que les quartiers pavillonnaires aisés, aérés et construits sur des terrains diluviaux plus stables. On retrouve ce phénomène avec le tsunami du 11 mars 2011 qui frappe les lointains quartiers populaires de Sendai et épargne le cœur de la ville.

Le paramètre anthropique – économique, social et technologique – entre fatalement en ligne de compte dans l'impact des aléas naturels. Au-delà des diversités régionales – certaines parties du Japon étant plus menacées que d'autres par ces aléas ou leur combinaison comme la région de Tôkyô – il en résulte une variabilité historique, liée au niveau de richesse, d'équipement et d'organisation.

Ainsi, le Japon n'a dû faire face que tardivement aux inondations, contrairement à la Chine où ce danger est millénaire et articule l'occupation rurale de l'espace. Ce n'est qu'à partir du XVIe siècle, lorsque la poussée démographique et rizicole provoqua une densification des zones les plus basses, que se fit sentir la nécessité de lutter contre les hautes eaux sur une plus grande étendue, régionale (plaines du Kantô, de Nôbi et d'Ôsaka en particulier).

Le Japon de l'immédiat après-guerre, frappé par les bombardements et marqué par la défaite, désorganisé et sous-équipé, subit avec beaucoup plus de dureté les aléas survenus à cette époque. Il est certain qu'à intensité physique égale ces catastrophes ne causeraient pas les mêmes dégâts actuellement, dans un Japon relevé de ses ruines et hyper-aménagé. Les aléas naturels de la fin des années 1940 et des années 1950 ont d'ailleurs, par leur multiplication et leur ampleur, articulé un discours ambigu. Survenant après la défaite, ils sont inconsciemment vécus comme une punition tandis que, simultanément, ils fournissaient un motif au peuple japonais pour se retrousser les manches, dans tous les domaines, redresser la tête et s'en sortir. Frappant les imaginations occidentales, ils coïncident pour légitimer le discours sur le « miracle économique japonais » qui est amplement propagé à partir de cette période.

Les mutations socio-économiques et technologiques issues de la Haute Croissance (1955-1973) créent des situations nouvelles. Le danger des inondations, qui semblait avoir été écarté par des travaux considérables réalisés en amont (barrages, protections anti-érosion) et en aval (endiguements, dérivations, pompages), réapparaît, y compris dans des endroits nouveaux, suite au changement de l'occupation des sols : artificialisation des terrains, régression des rizières et des capacités de rétention hydrique, extension rapide de zones urbanisées parfois mal équipées. Un excès de confiance dans les nouveaux équipements affaiblit la perception du risque et s'ajoute aux défaillances d'une technobureaucratie, arrogante, opaque et cultivant parfois le secret. Néanmoins, les populations réagissent encore correctement en cas de catastrophe, ce qu'elles ont encore démontré pendant la demi-heure de repli une fois l'alerte lancée à l'occasion du tsunami du 11 mars 2011. Leur sang-froid et leur respect des mesures d'urgence, qui n'excluent pas la peur, confortent d'ailleurs l'image d'une société japonaise disciplinée et « groupiste ».

En 2007, le scandale de la falsification de données parasismiques pousse des milliers de personnes à quitter leurs logements menacés par des secousses de moyenne amplitude. Les normes antisismiques sont durcies, ce qui a provoqué un ralentissement de la construction et de la croissance économique.

Le triple événement du 11 mars 2011 (séisme, tsunami, accident nucléaire), désormais appelé San.ichi.ichi (3. 1. 1.) en référence à la date, est un choc énorme. La reconstruction du Sanriku, la région la plus touchée par les flots, suit diverses logiques. En certains endroits, le bourg est déplacé et reconstruit en piémont, à l'écart du littoral. Dans d'autres, il est rebâti sur place, sur des remblais qui ont provoqué un arasement de collines alentour. Parfois, il n'est pas rebâti du tout. L'État central prône la construction de nouvelles digues encore plus hautes, mais certaines collectivités renâclent devant les coûts, la surenchère technique et la défiguration du paysage.

Les aléas naturels ne frappant pas uniformément l'archipel japonais et épargnant plusieurs régions ne constituent donc que l'une des caractéristiques géographiques du pays. Bien que présents dans la mémoire collective, ils n'ont pas structuré une philosophie centrée sur la catastrophe ou sur l'idée de punition divine, contrairement au péché chrétien sanctionné par le Déluge ou à l'Apocalypse annoncée comme la fin du monde. Ils s'insèrent dans une pensée du flux incessant des choses et des existences, dans un rapport à la vie et à la mort mêlé d'acceptation et de relativisme.

Philippe Pelletier

« La Russie est une catastrophe écologique. »

Un réchauffement de deux à trois degrés ne serait pas grave et peut-être même bénéfique : on dépenserait moins pour les manteaux de fourrure et les vêtements chauds.

Vladimir Poutine lors de la conférence de Moscou sur le climat, 2003

Tchernobyl fut, tant en Occident qu'en URSS, le révélateur des profondes défaillances du nucléaire soviétique et alimente désormais une suspicion généralisée sur l'état écologique de la Russie. Cette perception est-elle d'autant plus exagérée qu'elle succède à des décennies de secret ? Les médias occidentaux recherchent le sensationnel mais la Russie est bel et bien une bombe à retardement écologique. C'est l'un des legs les plus lourds du soviétisme.

Fleuron de la science soviétique, le nucléaire constitue le risque le plus évident. Obsédés par leur retard sur l'Occident, Staline et ses successeurs poussèrent les feux des filières nucléaires militaires et civiles confiées à Andréï Sakharov et Anatoly Kourtchatov. En dix années, l'URSS se dota de la bombe atomique, puis thermo nucléaire, et d'un parc de centrales nucléaires d'autant plus superflues que le pays ne manque ni de charbon, ni de gaz ou de pétrole. Les méthodes furent expéditives : essais en plein air à proximité des populations comme au polygone de Semipalatinsk au Kazakhstan, graves accidents comme au site de Mayak dans l'Oural en 1957, technologies peu sûres (ainsi les réacteurs VVER plus dangereux encore que les RBMK du type Tchernobyl), stockages mal sécurisés comme à Krasnoïarsk, matériels de guerre déficients tels les sous-marins à propulsion atomique « perdus » en mer de Norvège.

La catastrophe majeure sera bien entendu Tchernobyl (située en Ukraine), enchaînement de déficiences de sécurité et de défaillances humaines :

4 millions de personnes affectées (dont les milliers de « liquidateurs » – généralement désignés volontaires – qui travaillèrent sans protection parfois même sur le toit de la centrale et y laissèrent pour beaucoup la vie) ainsi que 1 800 villages et 160 000 km^2 contaminés à des degrés divers en Russie, en Ukraine mais aussi en Biélorussie qui, en raison des vents dominants, recevra la plus grande part du nuage. Les dégâts du nucléaire soviétique vont toutefois bien au-delà : les populations vivant au bord de la rivière Techa dans l'Oural (dans laquelle furent rejetés 76 millions de m^3 de résidus liquides nucléaires), dans la base navale arctique de Mourmansk ou dans le Kazakhstan septentrional montrent les stigmates d'une contamination nucléaire ancienne et importante : nombre anormalement élevé de malformations enfantines, de cancers ou de décès prématurés qui sont autant de dénis aux mensonges officiels. La contamination des nappes phréatiques et des sols rajoute une bombe à retardement supplémentaire. Même à Moscou, des centaines de kilos de déchets nucléaires auraient été stockées pendant des dizaines d'années à l'institut Kourtchatov, en pleine ville.

Ce désastre écologique est loin toutefois de se limiter au nucléaire. Poussé par les impératifs staliniens ou la « chimisation » khroutchévienne, l'industrialisateur soviétique – soumis à l'urgence et peu soucieux d'une nature considérée comme gratuite – a laissé un terrible héritage.

40 % du territoire russe serait gravement ou relativement pollué. Dans plus de 80 villes, la pollution atmosphérique serait dix fois supérieure aux normes tandis que le cinquième de l'eau potable serait impropre à la consommation, par présence de métaux

lourds et que 60 % du réseau d'eau potable est jugé obsolète par les spécialistes internationaux. L'industrie reste deux à trois fois plus énergétivore qu'en Occident. Joyau de la Sibérie et du patrimoine écologique mondial, le lac Baïkal a failli être gravement pollué par des rejets industriels de chlore tandis que Norilsk, dans le Grand Nord, est gangrenée par son nickel. Le projet d'exploitation de la rivière Khoper au centre de la Russie cristallise, au nom de ces exemples qui ont failli être encore plus dramatiques, l'opposition de nombreux militants écologistes qui savent que c'est leur mobilisation qui empêcha le pire au Baïkal.

Conséquences de la volonté de produire du coton à outrance, l'assèchement de la Mer d'Aral en Ouzbékistan et la pollution par les pesticides chimiques mélangés au sel marin sont l'exemple le plus connu – mais pas unique – des méfaits de l'agriculture soviétique : en Russie, l'agro-industrie intensive a entraîné la désertification de millions d'hectares.

Plus sinistre encore, l'URSS aurait produit plus de 40 000 tonnes d'armes chimiques, soit les deux tiers des stocks mondiaux.

Enfin, l'URSS avait développé un important programme d'armes biologiques : un milliard de dollars et 70 000 employés et chercheurs y furent consacrés. En vingt ans, l'URSS se serait dotée chaque année de 5 000 tonnes d'anthrax (100 kg suffisent à tuer 3 millions de personnes en zone urbaine) et de souches de la peste ou de l'Ebola. Plus de quarante virus identifiés en quinze ans. À la chute de l'URSS, les domaines des armes nucléaire, biologique et chimique représentaient plus de 12 000 spécialistes.

La Russie a ratifié le protocole de Kyoto* le 22 octobre 2004, ce qui est heureux car elle est le cinquième émetteur mondial de gaz à effet de serre* (5 % du total mondial). Après une position plutôt en retrait, voire négative, dans les négociations relatives à la lutte contre le changement climatique, elle a adopté récemment dans la préparation de la conférence de Paris de décembre 2015, dite COP* 21, une position en apparence plus positive ; elle a proposé une réduction de 25 à 30 % de ses émissions de gaz à effet de serre entre 1990 et 2030, soit une position proche de celle des Américains mais en retrait par rapport à celle de l'Union européenne. Toutefois, elle a maintenu un flou sur la contribution de ses imposantes forêts à cet effort.

Il faut souligner que la Russie a de longue date été sensible à la protection de ses forêts et de ses sols, souvent malmenés par une utilisation intensive. Le tsarisme a conduit dès le XIXe siècle une politique active de réserves naturelles que le régime soviétique a maintenu et amplifié, sauf sous Staline. La Russie actuelle s'inscrit dans cette lignée : Vladimir Poutine aime à le rappeler et se faire prendre en photo torse nu en train de se promener à cheval, à pécher, à protéger la faune ou à chasser dans les nombreuses réserves naturelles.

Si la Russie peut se féliciter d'avoir 37 % de son territoire en forêts souvent magnifiques, la gestion n'en est pas toujours efficiente : chaque année 700 000 hectares partent en fumée lors d'incendies mal contrôlés liés à des opérations immobilières ou à une pratique sibérienne ancestrale du brûlis pour se débarrasser des sous-bois.

L'environnement est devenu un sujet plus sensible en Russie depuis qu'en 2010, des incendies de forêts gigantesques, favorisés par une chaleur et une sécheresse exceptionnelles, ont provoqué des feux de tourbe gigantesques qui ont complètement étouffé Moscou, y ont accru de moitié la mortalité par maladie cardiovasculaire durant l'été, ont anéanti un tiers de la récolte de céréales et ont coûté 11 milliards d'euros – soit 1 point de PIB* – à la Russie. Il a fallu arroser les tourbières autour de Moscou pour ramener la situation à la normale. Ce grave événement augure de conséquences plus graves quand le réchauffement climatique aura dégelé le permafrost sibérien, libérant dans l'air le dioxyde de carbone, le méthane, voire les bactéries et microbes qui y sont enfermés depuis des millénaires.

Cette catastrophe rend plus inacceptable la pratique du « torchage » chère aux entreprises russes du gaz et du pétrole ; brûler dans l'air les gaz liés à l'extraction pétrolière permet il est vrai d'éviter de relâcher en grande quantité du méthane dans l'atmosphère mais cela conduit à augmenter le lâchage de dioxyde de carbone, ce qui augmente l'effet de serre. Dénoncée même par la Cour des comptes russe, cette pratique, qui conduit selon cette institution à brûler chaque année l'équivalent des ventes annuelles de gaz de la Russie à l'Italie, n'a jamais fait l'objet de pressions sérieuses du gouvernement russe sur les compagnies.

Enfin défendre la cause de l'environnement est en Russie une activité risquée : la collusion des mondes du pouvoir et des affaires conduit à de graves difficultés pour les défenseurs de l'environnement. Les exemples sont légion, qu'il s'agisse d'Evgueni Vitichko, de l'ONG « Veille écologique pour le Caucase du Nord » qui dénonça les conséquences écologiques des jeux de Sotchi et le paie d'emprisonnement de trois ans pour « hooliganisme », du journaliste Mikhaïl Beketov qui tenta de s'opposer à la construction d'une route reliant Moscou à l'aéroport international de Cheremetievo à travers la splendide forêt de Khimki et le paya de sa vie (agressé et battu en 2008, il en mourut en 2013) ou des activistes des militants de l'*Artic Sunrise* de Greenpeace qui s'opposaient en baie de Petchora aux forages en eaux profondes et furent arrêtés et déférés en justice.

D'ailleurs, ces projets actuels d'exploitation des fonds des mers froides, rendus plus faciles par le recul de la banquise, sont un enjeu crucial pour la protection de l'Arctique. La Russie entend bien prendre sa part de ce festin énergétique qui s'annonce : elle mène d'actives négociations en ce sens avec le Canada et les

États-Unis et n'hésite pas à marquer son territoire – au sens propre et de manière spectaculaire – en plantant des drapeaux au fond des abymes pour affirmer ses droits juridiques à l'exploitation.

Jean-Louis Buër

« Les Allemands sont écolos. »

Le sentiment écologique continue de procéder d'une vénération quasi-hypnotique de la nature [...]. Traduction visible de cette ferveur, la prédominance, depuis deux décennies, des partis verts dans la société, autant que sur la scène politique.

Michel Meyer, *Le Démon est-il allemand ?*, 1999

Pas touche à nos arbres ! La ville de Stuttgart a connu un mouvement de contestation citoyenne inédit contre la construction d'une gare ultramoderne et la destruction d'arbres du « parc du château ». Des manifestations de milliers de personnes, parfois musclées, ont eu lieu pendant des mois, donnant une ampleur nationale à l'« affaire Stuttgart 21 » et un débouché politique historique, conforté par la catastrophe de Fukushima : lors des élections régionales de mars 2011 dans le Land de Bade-Wurtemberg, le parti écologiste *die Grünen* est arrivé en tête et Winfried Kretschmann est devenu le Premier ministre-président vert de l'histoire.

La place de la nature dans la société allemande est réelle, y compris dans les villes, comme l'a montré le phénomène Stuttgart 21. En plein cœur de Berlin, le Tiergarten, ancien territoire de chasse du prince, occupe plus de 210 hectares dont certains endroits sont si sauvages qu'on en oublierait qu'on se promène au milieu de la capitale. Et il y a déjà longtemps qu'en Allemagne les sacs plastiques ont disparu des supermarchés, que le tri sélectif des déchets se pratique chez soi, au bureau ou dans la rue et que la plupart des bouteilles sont consignées. Les magasins bio ont fait partie du paysage urbain bien avant de se généraliser dans les villes françaises.

Les Allemands seraient-ils plus proches et respectueux de la nature que les autres ?

La proximité des Allemands avec l'espace naturel est une longue histoire. Depuis la fin du XVIIIe siècle, la nature, et plus particulièrement la forêt, représente, dans l'imaginaire de nos voisins, un lieu-refuge hors du temps, un havre de sérénité et d'authenticité par opposition à l'agitation et la corruption des villes. Chez les romantiques allemands, la nature est à l'image des sentiments de l'homme qui la regarde. C'est un lieu sacré et magique, un langage mystérieux, une source infinie d'inspiration pour l'artiste. Les personnages du peintre Caspar David Friedrich sont représentés en haut d'une colline ou dans une forêt, méditant devant le spectacle de la mer ou de la montagne. Le jeune Werther de Goethe s'abîme dans la contemplation « des vapeurs de la vallée [...], du soleil [qui] lance d'aplomb ses feux sur l'impénétrable voûte de [son] obscure forêt » et se console des misères de la société au spectacle du soleil couchant. Le mythe de la nature comme lieu exempt de tous les péchés de la civilisation imprègne la littérature des idylles bucoliques, mais anime également des groupes de randonneurs chevronnés comme les Wandervögel du début du XXe siècle.

Il est également intéressant de noter qu'au XIXe siècle, le développement industriel ne se fait pas comme en Angleterre ou en France en dissociant ville et campagne. Les acteurs ruraux comme le garde forestier jouent un rôle-clé dans la vie sociale et on peut voir l'enracinement de l'identité allemande dans son « paysage » comme un des effets de la structure décentralisée du pays.

Au tournant du siècle, l'amour d'une nature idéalisée aboutit dans certains courants de pensée à l'idéologie du *Blut und Boden* (le sang et la terre) qui prône le retour aux vraies valeurs de la terre par opposition au développement du capitalisme industriel. Mais celle-ci draine de manière diffuse des conceptions réactionnaires et nationalistes : de la protection de la nature à celle de la patrie *(Heimat)* allemande, il n'y a qu'un pas que les *Heimatschützer* (tenants de la protection du terroir), puis les nazis n'hésiteront pas à franchir. Malgré une politique de grands travaux et d'exploitation forestière intensive, ces derniers promulguent les « lois du Reich pour la protection de la nature » et vantent les beautés des paysages allemands vus des nouvelles autoroutes ! La forêt, matrice originelle des Aryens, est glorifiée dans les films de propagande rappelant la fameuse bataille de la forêt de Teutobourg (An 9 après Jésus-Christ) où le germain Arminius battit les Romains.

En Allemagne, la pensée religieuse imprègne le rapport de l'homme à la nature. Dans la conception protestante en particulier, la nature « interprétée selon l'histoire de la Création » doit être protégée et respectée (voir Werner Gephardt *in* Jacques Leenhardt et Robert Picht *Au jardin des malentendus*, 1997).

La dimension antiprogressiste et nationaliste des mouvements de protection de la nature de la première moitié du XXe siècle peut expliquer la lenteur de la réapparition de cette thématique en Allemagne de l'Ouest. Quand les premières initiatives écologistes voient le jour après 1945, nombreux sont ceux qui considèrent avec méfiance leur discours et craignent le retour d'un conservatisme antimoderniste douteux. Malgré ces réticences liées à l'Histoire, il existe depuis les années 1970 une conscience écologiste affirmée en Allemagne. À cette époque, des revendications écologistes apparaissent dans toutes les sociétés occidentales mais elles trouvent en Allemagne un écho particulier. Durant cette période, écologisme et pacifisme sont étroitement liés et la lutte antinucléaire fait office de catalyseur. Les organisations de citoyens dénoncent la société de l'armement qui se développe en détruisant la nature et en élaborant des armes d'extermination. Les coups de main parfois spectaculaires de certains activistes vont rendre la cause écologiste très médiatique.

Au-delà du mouvement contestataire issu de l'opposition extra-parlementaire des années 1970, l'écologisme va profondément s'enraciner dans la culture allemande. En témoigne la puissance des associations allemandes par rapport à leurs homologues françaises. Greenpeace France réunit, en 2014, 160 000 adhérents contre 580 000 environ en Allemagne. Mais ce qui fait surtout la spécificité de l'Allemagne, du moins de l'Allemagne de l'Ouest avant l'unification, c'est l'arrivée très rapide sur la scène politique d'un parti écologiste issu des différents mouvements alternatifs, féministes, pacifistes, antinucléaires : *die Grünen.* En janvier 1980, ce parti fédéral est créé à Karlsruhe. Auprès des grands partis traditionnels, il fait figure de parti folklorique et provocateur à l'avenir incertain. Trois ans plus tard, les *Grünen* font leur entrée au parlement fédéral, le Bundestag, en obtenant plus de 5 % des voix aux élections législatives. En 1987, ils sont présents dans sept des onze Länder de l'Ouest. La Hesse aura le Premier ministre vert de l'environnement, un certain Joschka Fischer.

Bien avant que le parti ne devienne une force politique installée, les problématiques soulevées par les *Grünen* touchent une large partie de la population. C'est pourquoi, stratégie politique ou prise de conscience, chrétiens et sociaux-démocrates intègrent les questions d'environnement dans leurs programmes au cours des années 1980. Et c'est le chancelier Kohl qui crée en juin 1986 le premier ministère fédéral de « l'Environnement, la Protection de la nature et la Sécurité nucléaire ». Notons que l'homme politique en charge de ce ministère, Klaus Töpfer, sera nommé par Angela Merkel en 2011 à la tête de la commission chargée de réfléchir à la fin du nucléaire en Allemagne. Parallèlement, en RDA, les conséquences de la politique industrielle du gouvernement socialiste sont catastrophiques et les protestations des mouvements citoyens ont peu d'impact.

En 1998, le parti vert, désormais appelé *Bündnis 90/die Grünen* (Alliance 90/les Verts) depuis la fusion de 1992 entre *die Grünen* et les mouvements écologistes et humanistes est-allemands, franchit une étape supplémentaire et accède au pouvoir au sein d'une coalition avec les sociaux-démocrates de Gerhard Schröder. Durant la période 1998-2005, les Verts sont aux commandes du ministère de l'Environnement. Le ministre de la première période, le controversé Jürgen Trittin, met en place la taxe sur le carburant *(Ökosteuer)* et annonce au monde la sortie de l'Allemagne du nucléaire d'ici 2021. La loi sur les énergies renouvelables* (EEG) instaurée en 2000 par le gouvernement confirme la position de leader de l'Allemagne dans la filière éolienne. Elle est aujourd'hui le leader européen dans ce domaine (30 % des infrastructures) et le plus grand producteur d'électricité d'origine photovoltaïque. On compte en 2015 63 députés issus des *Grünen* (sur 631) au Bundestag contre 18 écologistes au parlement français (sur 577). Soulignons qu'en mai 2011, suite aux conclusions de la commission Töpfer, c'est un gouvernement dirigé par le parti chrétien-démocrate CDU qui a repris à son compte la décision de sortir définitivement du nucléaire et qui a fait du « tournant énergétique » un des objectifs de son action.

Pourtant, l'efficacité énergétique* allemande est à considérer avec prudence. En effet, le gouvernement Merkel rencontre de grandes difficultés à réaliser le tournant énergétique annoncé sans faire flamber le prix de l'électricité pour le contribuable. Sur ces dernières années, les émissions de CO_2 de l'Allemagne ont été en constante augmentation à cause des centrales à charbon toujours en activité sur son territoire. En 2014, un quart de sa production d'électricité était effectuée à partir de lignite. Malgré les objectifs très ambitieux de son plan d'action pour le climat de

Les Allemands et le nucléaire

Lors de son entrée dans l'OTAN en 1955, l'Allemagne s'engage par une clause particulière à ne pas produire ni posséder d'armes ABC (atomiques, biologiques, chimiques). Aujourd'hui, le pays ne détient toujours pas l'arme atomique et personne ne semble vouloir remettre en cause cet état de fait.

Les gouvernements allemands développent cependant dans les années 1960 une politique énergétique intégrant le nucléaire civil. La construction de centrales de production, de centres de stockage ou de retraitements des déchets radioactifs se heurte à une vive hostilité de la part des nombreux mouvements écologistes et pacifistes antinucléaires. Au nom du slogan devenu célèbre de « *Atomkraft, nein danke !* » (« Le nucléaire, non merci ! »), associations et mouvements citoyens multiplient dans les années 1970 les manifestations et les actions d'occupation de sites, de blocage des convois de transport des déchets, qui conduisent parfois à des affrontements violents avec les forces de l'ordre (ainsi en 1977, les fameuses manifestations antinucléaires de Gorleben ou Brokdorf). La catastrophe de Tchernobyl en avril 1986 vient conforter les craintes liées au nucléaire et les sociaux-démocrates, jusque-là favorables, rejoignent petit à petit les Verts *(die Grünen)* dans le projet d'abandonner l'énergie nucléaire.

En 1998, les revendications antinucléaires trouvent leur accomplissement avec l'arrivée au pouvoir d'un ministre de l'Environnement écologiste, Jürgen Trittin. Celui-ci, en collaboration avec ses partenaires du SPD, élabore un programme de « sortie du nucléaire » *(Atomausstieg)* qui prévoit la fermeture progressive des dix-sept réacteurs d'ici à 2021.

Pour les antinucléaires purs et durs, le plan de sortie propose une exploitation beaucoup trop longue des centrales par rapport à leur durée de vie. Chez les partisans du nucléaire civil (à compter surtout dans les rangs des conservateurs chrétiens de la CDU), ce projet prive l'Allemagne d'une énergie d'avenir et risque d'accroître sa dépendance au pétrole. Le départ de Siemens du groupe Areva est un signe de désengagement de la filière nucléaire. En fait, il relève plutôt d'un recentrage stratégique en direction de la Russie et dans le domaine du gaz.

Les choix de la chancelière CDU Angela Merkel en matière de nucléaire ont été pour le moins fluctuants. Après s'être engagée au moment de la grande coalition avec le SPD à ne pas remettre en question les grandes lignes du programme Atomausstieg malgré ses convictions pro-nucléaires, elle créé la polémique en décidant en septembre 2010 de prolonger la durée d'activité des centrales allemandes. Puis, en avril 2011, face à l'émotion suscitée par la catastrophe de Fukushima, à une période électoralement délicate pour son parti, elle décrète un moratoire sur cette prolongation avant d'annoncer en mai la sortie définitive du nucléaire de son pays d'ici 2022.

Rappelons qu'en Allemagne, environ 26 % de l'électricité est produite par les centrales nucléaires contre 75 % en France.

décembre 2014 (-40 % de CO_2 d'ici 2020), les dirigeants allemands n'ont pas encore trouvé la voie pour fermer les centrales nucléaires et les centrales à charbon tout en assurant l'approvisionnement énergétique du pays. Par ailleurs, les exemples ne manquent pas qui nous amènent à relativiser notre vision d'Allemands uniquement préoccupés par l'environnement. Les intérêts économiques prennent souvent le dessus comme on a pu le voir lors des négociations européennes pour l'adoption du projet REACH : les industriels allemands ont été particulièrement actifs pour freiner l'adoption de cette réglementation de l'utilisation des produits chimiques.

L'aspiration à une vie en harmonie avec la nature est bien présente dans la culture allemande. Si le respect de l'environnement a pu, par le passé, revêtir des formes idéologiquement problématiques et si, parfois, l'écologisme des Allemands est perçu à l'étranger comme moralisateur ou obsessionnel, on ne peut qu'espérer qu'ils poursuivront le cap de la transition énergétique et que, fort de leurs atouts, ils garderont en Europe un rôle moteur dans la lutte contre le réchauffement climatique.

Béatrice Angrand & Aurélie Marx

« L'Europe est leader du combat contre le changement climatique par les énergies renouvelables. »

Par l'accord ambitieux conclu sur l'énergie et le climat, l'Europe a su se montrer volontaire, créative et visionnaire.

Ségolène Royal, ministre de l'Écologie, octobre 2014

Depuis 1995, la Commission européenne mène une réflexion sur les sources d'énergie. Des objectifs très ambitieux ont d'abord été fixés : 12 % d'énergies renouvelables* à l'échéance de 2010 (contre seulement 6,5 % en 2007) puis la règle des 3 x 20 (réduction de 20 % des émissions de gaz à effet de serre*, 20 % d'économies d'énergie et 20 % d'énergies renouvelables) en 2020. Ces objectifs 2020 sont en passe d'être atteints car à 15 % d'énergies renouvelables fin 2014, les 20 % seront tout proches en 2020. Par ailleurs la réduction des 20 % des émissions de gaz à effet de serre a été atteinte en 2014. Malgré ces succès, le « Paquet énergie-climat* 2030 » est relativement moins ambitieux puisqu'il fixe pour 2030 : 40 % de réduction des émissions de gaz à effet de serre, au moins 27 % d'amélioration de l'efficacité énergétique* et au moins 27 % d'énergies renouvelables (avec possibilité de porter cet objectif à 30 % en 2020 suivant la situation). Compte tenu de la forte progression des énergies renouvelables de 6,5 % en 2007 à 15 % en 2014, la Commission européenne avait proposé un objectif de 30 % et des ONG proposaient même 40 % d'énergies renouvelables en 2030. Quoiqu'il en soit, au niveau mondial, l'Union européenne est le leader du combat contre le changement climatique et son économie est en train de subir des transformations radicales grâce à l'avènement des économies d'énergie dans tous les secteurs (bâtiments, transports, etc.) et à la montée en puissance des énergies renouvelables.

Par ailleurs, l'UE a joué un rôle majeur pour la ratification du protocole de Kyoto*, en 1997 et s'efforce, difficilement, d'entraîner le reste du monde pour la conférence de Paris, dite COP* 21.

Cette forte dynamique des énergies renouvelables jusqu'en 2011 a incité plusieurs instituts de recherche en France comme en Allemagne à étudier des scénarios avec un mix électrique 100 % renouvelable dans quelques décennies, 2050 par exemple. Compte tenu du savoir faire technique existant, ces scénarios sont totalement plausibles et dépendent uniquement des choix stratégiques des politiques de tarification des énergies et de taxation des émissions de carbone.

Néanmoins, dans l'Union européenne, des signaux inquiétants sur l'évolution du chiffre d'affaires et des emplois dans les énergies renouvelables sont apparus récemment. De plus, suite à la timidité du Paquet énergie-climat 2030, l'Europe n'est-elle pas en train de manquer une occasion de confirmer son leadership dans le domaine du combat contre le changement climatique par les énergies renouvelables ?

Jusque vers 2011, l'Europe était leader incontesté dans les énergies renouvelables (éolien, photovoltaïque notamment) avec des industriels européens qui, profitant du marché européen généré par les tarifs d'achats et les aides, dominaient le secteur. Depuis quelques années, des industriels asiatiques ont su profiter de la dynamique pour produire à des coûts moindres des turbines éoliennes et des modules photovoltaïques, ce qui a produit l'effet bénéfique de faire baisser les coûts (le coût d'un système photovoltaïque a été divisé par 3 entre 2006 et 2012 !) et d'entraîner un emballement du marché en Europe que les gouvernements ont contré en diminuant les tarifs d'achat.

Combien d'emplois nouveaux dans les énergies renouvelables en Europe d'ici 2030 ?

Jusqu'en 2011, les énergies renouvelables ont été une source importante de création d'emplois puisque fin 2013, d'après EurObserv'ER, 1,15 million de personnes étaient employées directement ou indirectement dans les énergies renouvelables après une baisse de 54 000 emplois entre 2012 et 2013 (le photovoltaïque ayant été le secteur le plus affecté avec une perte de 74 000 emplois).

Un débat s'est instauré sur les chiffres concernant les créations d'emplois suivant les objectifs assignés au « Paquet énergie-climat 2030 ». L'Union européenne annonce le chiffre d'une création de 670 000 emplois nouveaux et les partisans d'objectifs plus ambitieux (30 % d'énergies renouvelables et 30 % d'économies d'énergie au lieu des 27 % dans les deux cas) assurent que le cap du million d'emplois nouveaux pourrait être largement dépassé. Dans le contexte de crise actuelle, cette différence n'est pas anodine sachant que, de plus, elle créerait les conditions d'une plus grande indépendance énergétique.

La décision européenne peut encore évoluer vers des objectifs plus ambitieux et deux éléments pourraient y contribuer. Le premier facteur positif serait si la COP 21 prenait des positions engageant de nombreux pays à aller vers une énergie à bas carbone, ce qui inciterait l'Union européenne à renforcer ses efforts. Le deuxième élément serait une évolution positive de baisse des coûts des énergies renouvelables (essentiellement le photovoltaïque et l'éolien en mer), ce qui favoriserait le développement sans aides des pouvoirs publics.

En gros, l'objectif est environ 1,8 million ou 2,5 millions d'emplois dans les énergies renouvelables dans l'Union européenne en 2030 suivant le scénario retenu. La différence est suffisamment importante pour justifier des débats sur ce thème.

Pour la France, l'un des enjeux pour favoriser la création d'emplois nouveaux est de réussir à faire émerger des filières de fabrication dans l'éolien (notamment l'éolien en mer et plus généralement les énergies marines) et dans le photovoltaïque (fabrication de modules).

À ces créations d'emplois, il faut ajouter celles dues aux économies d'énergie (dont une bonne part provient du bâtiment).

Le résultat a été la faillite de plusieurs fabricants européens qui étaient leaders ainsi que les baisses respectives du chiffre d'affaires de 145 à 140 milliards € et de l'emploi de 1,2 à 1,15 million d'emplois entre 2013 et 2014. On regrette que les fabricants européens n'aient pas su tirer profit de l'avance qu'ils avaient acquise pour être plus ambitieux en voyant plus grand pour passer à une production de masse et à coût plus faible. Il est difficile d'anticiper les conséquences du tournant qui vient de se produire mais, en 2015, les fabricants asiatiques dominent dans beaucoup de domaines des énergies renouvelables (éolien, photovoltaïque, capteurs solaires thermiques plans, etc.) et, dans la mesure où leurs gouvernements adoptent, à leur tour, des politiques incitatives en faveur de ces énergies, il semble probable qu'ils sont en train d'assoir leur suprématie sur ces segments de marché de la fabrication des composants conventionnels de base. Une des cartes essentielles jouée par plusieurs fabricants européens est celle de l'innovation (par exemple, l'éolien en mer, les énergies marines, d'autres filières de modules photovoltaïques, etc.) qui permet d'envisager un nouveau déploiement de l'industrie européenne dans ce domaine.

Au niveau européen, il est plus qu'urgent de créer les conditions pour que des filières européennes d'énergies renouvelables émergent dans un proche avenir et de ne pas passer sous la domination totale et exclusive de fabricants asiatiques pour les composants de base de ces filières. Il est à espérer que les réflexions menées actuellement au sein de la commission européenne sur l'Union européenne de l'énergie vont promouvoir des mesures qui vont aider ces filières à émerger avec des fabricants européens (sans tomber bien entendu dans le protectionnisme qui exclurait la compétition avec les autres produits). Cependant, il est à craindre que les lobbies du gaz et du nucléaire (sans parler du charbon et du pétrole) soient plus forts que celui du renouvelable dans l'élaboration de cette union de l'énergie.

L'enjeu est simple : d'un côté, en 2015, la Chine peut se prévaloir d'être le pays qui investit le plus dans les énergies renouvelables pour lutter contre le changement climatique ; d'un autre côté, l'Europe possède toutes les cartes pour conforter sa position de leader dans ce domaine, à nos dirigeants de lui donner la possibilité de les étaler et de pouvoir conquérir de nouveaux marchés comme l'Afrique.

Francis Meunier

L'avenir de la planète : quelles perspectives ?

« C'est aux pays riches de réduire leurs émissions. »

L'urgence du défi climatique signifie que nous devons relever le niveau d'ambition des pays développés.

Dessima Williams, déléguée de la Grenade, avril 2011

En 2011, un habitant de la planète émettait en moyenne 6,6 tonnes d'équivalent CO_2 ($tCO_2éq$)*. Ce chiffre cache de larges disparités : la moyenne des émissions par habitant des pays développés s'est établie la même année à 12,6 $tCO_2éq$, contre moins de la moitié (5,2 $tCO_2éq$) dans les pays en développement. Reconstituer le cumul des émissions depuis la fin du XIXe siècle rend la responsabilité des pays développés encore plus écrasante : les émissions cumulées de l'Inde et de la Chine n'atteignent que le dixième du total mondial alors qu'elles abritent près de deux humains sur cinq. On peut ajouter que les émissions, en étant comptabilisées sur les territoires, ne reflètent que les productions, et pas les consommations réelles des habitants d'un pays. Avec l'essor du commerce international et la relocalisation des investissements industriels, les pays riches importent de plus en plus de produits industriels fabriqués dans les pays en développement. Leur « facture » climatique est donc encore plus lourde en réalité qu'il n'y paraît.

L'idée selon laquelle c'est aux pays riches de réduire leurs émissions paraît donc tout à fait pertinente. Mais cela dispense-t-il pour autant les pays en développement de tout engagement en matière de réduction des émissions ? Cette question a été au cœur des négociations climatiques internationales amorcées durant la décennie 1990 dans le cadre des Nations unies. Elle reste une pomme de discorde entre pays riches et pays en développement.

Les négociations internationales portant sur la lutte contre le changement climatique ont été amorcées lors du sommet de Rio en 1992 en actant trois principes fondateurs dans la Convention-cadre des Nations unies sur les changements climatiques (CCNUCC)*, appelée également Convention Climat.

Le premier est le principe de précaution, qui implique que malgré toutes les incertitudes des modèles scientifiques, les risques induits par un changement du climat sont trop importants pour remettre à plus tard les efforts de réduction des émissions. La communauté internationale, au travers de ce principe, reconnaît la nécessité d'agir immédiatement pour réduire les émissions mondiales à un niveau compatible avec la poursuite des activités humaines. Ce niveau n'a pas été explicité en 1992, mais un consensus s'est ensuite dessiné pour fixer à 2 °C le seuil de réchauffement acceptable par rapport à la situation préindustrielle.

Le second est celui de « responsabilité commune mais différenciée » des pays face au changement climatique. « Responsabilité commune » signifie qu'en participant aux accords climatiques internationaux, chaque État reconnaît porter une partie de la responsabilité collective. « Responsabilité différenciée » implique que chacun n'a pas le même degré de responsabilité suivant ses émissions passées, son niveau et son mode de développement.

Deux groupes de pays ont été identifiés à ce titre. Ceux qui étaient membres de l'Organisation de coopération et de développement économiques (OCDE) en 1990 ainsi que la Russie, l'Ukraine et les pays d'Europe de l'Est ont été inclus dans le groupe des pays développés, à responsabilité élevée dans le changement climatique. Il est de leur ressort de mettre en place des politiques nationales de réduction des émissions, voire pour certains d'assurer le financement de coûts de politiques climatiques mises en place dans un deuxième groupe de pays, ceux considérés comme en développement en 1990.

Ce soutien se justifie par le troisième principe de la Convention Climat, celui du principe du droit au développement : la lutte contre le changement climatique ne doit pas peser sur les objectifs économiques et sociaux des pays en développement, « à savoir une croissance économique durable et l'éradication de la pauvreté ». Jusqu'à présent, ce droit au développement a surtout été utilisé par les pays en développement comme un argument pour refuser tout engagement à limiter leurs émissions de gaz à effet de serre*. Ainsi le protocole de Kyoto* signé en 1997 n'a fixé aucun objectif de réduction des émissions pour les pays en développement.

Si on fige cette distinction binaire et immuable entre pays développés et pays en développement, on néglige les profonds changements géopolitiques et économiques survenus depuis la Convention Climat en 1992. Parmi les pays en développement, certains ont connu une croissance très forte qui les a propulsés au premier rang des économies… et des émissions. Si les pays riches ont une responsabilité historique écrasante en matière d'émissions, ils sont en train d'en perdre rapidement l'exclusivité. La montée en régime des économies émergentes qu'elles soient asiatiques (Corée, Chine, Inde) ou américaines (Brésil, Mexique) bouscule l'ancienne géographie économique. Entre 1990 et 2011, les principaux pays émergents ont été à l'origine de près du tiers de l'accroissement mondial des émissions.

Or la croissance des pays émergents ne semble pas prête de s'arrêter. Leur niveau de richesse, rapporté à chaque habitant, demeure largement inférieur en moyenne à celui des pays développés. Leur objectif reste donc de favoriser la croissance économique afin de réduire la pauvreté de leur population. Néanmoins, ils pâtissent de la dégradation de leur environnement et des impacts du changement climatique. Leur intérêt bien compris est donc de participer à l'action internationale pour réduire les émissions mondiales en se positionnant simultanément parmi les puissances économiques qui développeront les technologies bas carbone promises à un bel avenir.

Le premier pas consiste à adopter des choix de développement faiblement émetteurs de carbone au plan national. L'enjeu est d'éviter de s'enfermer dans des choix de développement contradictoires avec la lutte contre le changement climatique. En somme, ne pas reproduire les modèles de croissance des pays développés, basés sur l'utilisation intensive des énergies fossiles*. Le défi est conséquent, car il est difficile d'imaginer comment les sociétés pourront s'organiser d'une manière radicalement différente de ce que nous connaissons aujourd'hui, même en tenant compte des avancées technologiques possibles.

Mais le jeu en vaut littéralement la chandelle. Si les modes de production et de vie actuels ne sont pas viables, cela signifie notamment qu'il faut mettre en place de nouvelles formes d'infrastructures. Or dans les pays développés la plupart des infrastructures de production d'énergie ou de transport par exemple sont déjà en place. Leur durée de vie, de l'ordre de plusieurs dizaines d'années, rend économiquement très coûteux leur abandon prématuré. Prendre en compte les exigences de la lutte contre le changement climatique implique donc des investissements supplémentaires pour adapter les infrastructures existantes au changement du climat ou réduire leurs émissions avant leur renouvellement.

Au contraire, c'est maintenant que les pays émergents et en développement investissent massivement dans des infrastructures de transport, de logement ou encore de production d'énergie. Intégrer la problématique climatique immédiatement permettrait de gérer les risques d'un surinvestissement dans des capacités de production qui seront obsolètes avant leur fin de vie programmée. La conception des infrastructures doit ainsi permettre de limiter les émissions de gaz à effet de serre liées à leur fabrication et à leur utilisation. Elle doit aussi anticiper les risques climatiques à venir en

Les engagements au titre du protocole de Kyoto

Signé en décembre 1997, le protocole de Kyoto est le principal texte d'application de la Convention Climat de 1992. Entré en vigueur en 2005, il fixe pour la première fois des engagements de réduction des émissions de gaz à effet de serre au plan international. Au nom du principe de responsabilité commune mais différenciée, les pays en développement sont exonérés de tout objectif contraignant. Par contre, 39 pays développés ou en transition vers l'économie de marché, listés dans l'Annexe B* du protocole, se sont engagés à abaisser en moyenne de 5 % leurs émissions de six gaz à effet de serre entre 1990 et la période 2008-2012.

L'Union européenne s'est engagée à réduire en moyenne de 8 % ses émissions, avec des cibles différenciées selon ses États-membres. La France, arguant de potentiels limités de réduction d'émissions dans sa production d'électricité, a obtenu un objectif de 0 % ; l'Allemagne s'est engagée sur une réduction de 21 %, rendue envisageable par les chutes d'émissions liées aux restructurations industrielles consécutives à la réunification de 1990 ; l'Espagne, alors en plein boom économique, a acquis de pouvoir augmenter ses émissions de 15 %.

Le Japon, déjà très performant en termes d'efficacité énergétique*, s'est engagé à hauteur de -6 %. En comparaison, l'objectif de stabilisation (+0 %) des émissions de la Russie ou de l'Ukraine apparaît très laxiste. Ces dernières ont en effet connu après la chute du régime communiste une restructuration drastique de leur industrie ayant provoqué une chute de plus d'un tiers de leurs émissions de gaz à effet de serre entre 1990 et 2000. Enfin, deux signataires majeurs du protocole n'y seront finalement pas astreints : les États-Unis, qui avaient signé pour un objectif de -7 %, n'ont pu faire ratifier cette cible par leur Congrès ; et le Canada a annoncé en décembre 2011 son intention de se retirer du protocole qui lui imposait de réduire ses émissions de 6 %.

Au sommet international de Doha en décembre 2012, la prolongation du protocole de Kyoto a été actée jusqu'en 2020 au minimum. Les engagements des pays développés restent néanmoins volontaires. Les États-Unis, le Canada, la Russie et le Japon, responsables de près de 30 % des émissions mondiales, ont ainsi refusé de prendre de nouveaux engagement dans ce cadre, ce qui en limite la portée réelle.

Les négociations internationales sont donc dorénavant tournées vers la formulation d'un nouvel accord international, qui s'appliquera à compter de 2020 et dans lequel de nouveaux engagements pourront être présentés par les pays développés comme en développement. Obtenir un tel accord est l'objectif de la conférence internationale sur le climat de Paris, en décembre 2015.

laissant la possibilité de faire évoluer plus tard les infrastructures. Cette flexibilité est particulièrement nécessaire en ce qui concerne les infrastructures de transport et de production d'énergie, amenées à devoir perdurer plusieurs dizaines d'années. Les solutions ne sont pas toujours évidentes : que peut envisager la Chine dont l'objectif était de construire chaque année entre 2010 et 2015 des capacités de production électriques équivalentes au tiers des capacités installées en France ? Tout l'enjeu des politiques climatiques internationales est d'assurer qu'une incitation existe pour choisir des infrastructures les moins émettrices possibles. Que les pays émergents et en développement reproduisent le modèle de développement économique des pays développés, et la lutte contre le changement climatique sera dans l'impasse.

Les pays développés doivent prioritairement réduire leurs émissions du fait de leur responsabilité dans l'apparition d'un stock excessif de carbone dans l'atmosphère. Mais si cette action dédouane les pays en développement, en premier lieu les pays émergents, il ne sera tout simplement pas possible d'atténuer le réchauffement climatique planétaire. La négociation internationale doit donc chercher des voies de coopération dépassant le compromis historique trouvé à Kyoto qui exonérait de toute obligation les pays en développement. Ce ne sera possible en pratique que si l'on est capable de mettre en œuvre des modèles qui concilient développement économique accéléré et réduction des émissions de gaz à effet de serre.

Anaïs Delbosc & Christian de Perthuis

« Pour faire du développement durable, il faut renoncer au nucléaire. »

Entre deux maux, il faut choisir le moindre.

Aristote, *Éthique à Nicomaque*, IVe siècle av. J.-C.

Rappelons le problème qui se pose à l'humanité aujourd'hui : l'élévation inquiétante de la température moyenne annuelle de la Terre, ce que confirment tous les modèles climatiques existants (soixante-cinq dans le 5e rapport du GIEC* de 2014). On connaît, par ailleurs, les responsables : il s'agit des gaz à effet de serre*. L'activité humaine en relâche environ 40 milliards de tonnes par an dans l'atmosphère. Si rien n'est fait pour réduire ces émissions, le réchauffement climatique se poursuivra inexorablement et aura des effets dévastateurs sur la planète et ses ressources. Dans ce débat, le nucléaire occupe une place emblématique puisque deux positions extrêmes s'affrontent : celle des « pro » qui voient dans le nucléaire l'énergie idéale pour le développement durable et celle des « anti » qui préconisent l'arrêt pur et simple de son exploitation.

L'énergie nucléaire présente effectivement l'immense avantage de n'émettre aucun gaz à effet de serre. On compte aujourd'hui 340 réacteurs nucléaires en service dans le monde, produisant 15 % de l'électricité mondiale. En supposant que le nucléaire soit utilisé pour remplacer progressivement le charbon et le gaz d'ici à 2050, les rejets mondiaux de CO_2 pourraient alors être limités à 20 milliards de tonnes par an (contre 55 milliards prévus si rien n'est fait). D'après Hervé Nifenecker, « pour obtenir un tel résultat, la quantité d'électricité d'origine nucléaire devrait être multipliée par environ 20 à l'échelle mondiale » (*L'Énergie nucléaire a-t-elle un avenir*, 2003). Le nucléaire est en mesure, donc, d'apporter une contribution substantielle au développement durable, ce qui lui vaut des soutiens, même parmi les écologistes les plus illustres. James Lovelock par exemple, célèbre défenseur de l'environnement outre-manche, auteur de *L'Hypothèse Gaïa* dans laquelle il compare la planète à un organisme vivant autorégulateur, déclarait à la une de *The Independant* (en juin 2004), que l'on devait recourir massivement au nucléaire, « seule source d'énergie disponible qui ne rejette pas de gaz à effet de serre ».

Parallèlement à ces prises de position médiatiques, le début du XXIe siècle est effectivement marqué par un mouvement général de reprise des constructions de centrales nucléaires à travers le monde. L'évolution la plus spectaculaire concerne la Chine : elle compte actuellement 21 réacteurs nucléaires en activité (répartis sur sept centrales) et 28 réacteurs en construction (soit 49 réacteurs prévus pour 2020).

Reste que malgré ses indéniables qualités, le nucléaire souffre d'au moins trois défauts intrinsèques, même si un certain nombre d'efforts ont été faits pour y remédier, car ils sont rédhibitoires pour une grande partie de l'opinion publique. Le manque de transparence du nucléaire, tout d'abord, a certainement contribué à attiser la défiance des populations. Dans la plupart des pays disposant d'un parc nucléaire, les décisions stratégiques ont rarement été prises avec l'opinion publique, les choix étant monopolisés en toute opacité par les scientifiques, les grands corps techniques de l'État et les industriels. Aujourd'hui, les choses évoluent lentement sous l'impulsion de l'ONU, qui implique davantage la société civile à la prise de décision. On constate également une multiplication des initiatives nationales : la loi sur l'énergie nucléaire en Suisse qui prévoit un possible référendum pour tout projet de nouvelle centrale nucléaire ou encore la charte de l'environnement en France qui multiplie les face-à-face entre les politiques, les scientifiques et l'opinion publique.

Les catastrophes de Tchernobyl (1986) et Fukushima (2011) sont là pour rappeler, qu'en matière de nucléaire, « le risque zéro n'existe pas, un accident reste possible » (Pierre Tanguy, *Le Nucléaire*, 2002). Toutefois, dans les pays pour lesquels nous disposons d'évaluations quantifiées des risques (la France en publie depuis 1989), la probabilité de survenue d'un accident majeur comme celui de Tchernobyl est « non significative », celle d'un accident grave présentant un risque pour l'homme et l'environnement « est inférieure à une chance sur dix mille, par centrale et par an ». Ces faibles probabilités, même si leur fiabilité est régulièrement remise en cause par les militants antinucléaires, s'expliquent par le renforcement progressif des mesures de confinement de la radioactivité sous toutes ses formes (gaz, liquide ou solide) à l'intérieur d'une barrière ultime dans les centrales, par des mesures de protection des personnes et de l'environnement (contrôle de l'alimentation, évacuation, distribution de pastilles d'iode, réhabilitation des sols contaminés) et des mesures de formation des personnels. Les centrales de quatrième génération, *a priori* opérationnelles vers 2045, renforcent davantage encore la sûreté.

Enfin, argument majeur contre lequel le nucléaire doit lutter pour convaincre de son intérêt dans le cadre du développement durable : la question des déchets. En France par exemple, 90 % de la population estiment que les déchets nucléaires représentent un danger. Le problème vient des déchets à longue durée de vie (de 70 000 ans pour le sélénium à quinze millions d'années pour l'iode 129). Un réacteur de type EPR* (les plus répandus aujourd'hui) d'une puissance d'un milliard de watts électriques (1 GWe) produit chaque année environ 30 tonnes de combustibles irradiés dont 65 kg de produits de fission à longue durée de vie. Certains pays (États-Unis, Suède) enfouissent directement leurs déchets nucléaires sans les retraiter. D'autres (France, Japon, Royaume-Uni, Russie) récupèrent le plutonium et l'uranium réutilisables et vitrifient les résidus. Mais dans tous les cas, la vraie question porte sur le stockage définitif des produits à longue durée de vie. Le développement durable n'implique-t-il pas le respect des générations futures ? Différentes pistes sont actuellement explorées, allant du « retraitement poussé » qui permettrait à terme de transformer (grâce, par exemple, à des accélérateurs de particules) les résidus à très longue durée de vie en éléments à vie beaucoup plus courte, au stockage « en structures géologiques » stables à long terme impliquant plusieurs barrières de confinement (verre, conteneur métallique et roche à plus de cinq cents mètres de profondeur). Les risques à long terme pour l'environnement de ce type de structures sont actuellement sujets à débat.

Ajoutons que le démantèlement définitif des vieilles centrales génère lui aussi des déchets (combustibles, bâtiments, etc.) et pose des problèmes de financement et de sécurité. En France, on compte 10 réacteurs en cours de démantèlement en 2015, dont trois de première génération : Chinon, Bugeay et Saint-Laurent-des-Eaux (Autorité de sûreté nucléaire). On estime à 30 ans la durée de démantèlement d'une centrale entre l'arrêt du réacteur et la remise du site à l'état initial.

Enfin, il convient de compléter la liste par un quatrième défaut du nucléaire, plus subjectif et profondément ancré dans l'imaginaire collectif, à savoir les craintes qu'inspire l'utilisation de l'énergie nucléaire à des fins militaires (le dossier du nucléaire iranien en constitue le meilleur exemple). Même s'il n'y a pas de filiation directe entre une centrale nucléaire et une arme atomique (le plutonium produit ne correspond pas), le risque existe qu'un pays (mal intentionné) « détourne » des projets civils vers le développement de projets militaires. Ce risque est d'autant plus grand pour les pays en développement qui connaissent un régime politique instable ou autoritaire. C'est pour cela qu'il existe un traité international de non-prolifération qui engage les pays signataires qui ne disposent pas encore de l'arme nucléaire à ne pas se lancer dans l'étude et la fabrication de telles armes. Mais ce traité a-t-il une quelconque valeur pour les signataires eux-mêmes ? Selon Pierre Tanguy, le problème n'est pas là. Il est dans la pénurie d'énergie (aggravée par un manque de centrales nucléaires civiles) « qui pourrait inciter des pays inquiets pour leur survie économique à se lancer dans des actions inconsidérées. »

Reste la question essentielle : le développement durable peut-il se passer aujourd'hui du nucléaire ? La réponse est négative, compte tenu de l'augmentation des besoins humains (la consommation mondiale d'énergie devrait progresser de 2 % par an d'ici à 2020) et des limites des autres sources d'énergie. Non seulement les énergies fossiles* s'épuisent, ce qui devrait conduire à une augmentation progressive de leur prix, mais ce sont les premières responsables de l'émission de gaz à effet de serre. Les énergies renouvelables* déjà exploitées (solaire, éolienne, hydroélectrique) quant à elles, présentent toutes des limites qui réduisent leur portée : coût relativement élevé des cellules photovoltaïques, incidences sur l'environnement des grands barrages, couloirs propices à l'installation d'éoliennes limités, vents variables, restructuration obligatoire des réseaux de distribution... pour ne citer que celles-ci. Ces énergies ne devraient donc pas constituer une alternative à l'énergie fossile avant 2030-2040. D'après le GIEC, même si de plus en plus de pays se sont dotés d'au moins une politique en matière d'énergie renouvelable et même si leur utilisation augmente de manière absolue, leur contribution à la production mondiale d'électricité décline régulièrement depuis 1970 : 24,1 % en 1970, 19 % en 2008 (GIEC, *Sources d'énergie renouvelable et atténuation du changement climatique,* 2011).

La réduction des émissions de gaz à effet de serre est loin d'être insurmontable. Elle repose sur la recherche d'un équilibre entre toutes les sources énergétiques disponibles. À court et moyen terme, on s'attend à une baisse de la part des énergies fossiles produites et à la tendance inverse pour le nucléaire et les énergies renouvelables, sans oublier les incitations aux économies d'énergie (chasse aux gaspillages de toutes sortes, bridage des moteurs de voiture à 130 km/h et celle des camions à 85 km/h, taxation du kérosène et des véhicules polluants...). À plus long terme encore, à mesure que les coûts et les risques accompagnant sa prolifération augmenteront (en particulier sur la question du stockage des déchets) et que les réserves d'uranium s'épuiseront, il est probable que le nucléaire cède progressivement la place aux énergies renouvelables « classiques » et nouvelles (biocarburants, pile à hydrogène, géothermie, biomasse, exploitation de l'hydrogène, réacteurs à fusion, « maisons solaires », stockage de la chaleur des toits, etc.). L'esprit humain ne manque, à ce sujet, ni d'idées ni d'ingéniosité.

Cependant, quel que soit le cocktail énergétique retenu, le développement durable passe obligatoirement par une prise de conscience forte au niveau mondial : l'atmosphère terrestre est un bien commun*. L'effet de serre ne s'arrêtant pas aux frontières nationales, il serait naïf d'imaginer qu'il pourrait être jugulé sans la mise en œuvre d'une action concertée et recevant l'appui actif de tous. Martin Luther King ne disait-il pas que « si nous n'arrivons pas à vivre ensemble comme des frères, nous mourrons ensemble comme des imbéciles » ? Le développement durable fait partie des défis à portée universelle, il sera l'œuvre commune de tous ou ne sera pas.

Assen Slim

« L'avenir de l'éolien, ce sont les plateformes off-shore. »

La recherche actuelle en matière d'options d'énergie renouvelable off-shore ne tient pas suffisamment compte des implications écologiques.

Andrew Gill, *Journal of Applied Ecology*, 2003

Avec une puissance mondiale installée multipliée par plus de 10 entre 2002 et 2014, et fournissant, en 2015, plus de 10 % de l'électricité en Europe (jusqu'à 40 % au Danemark mais seulement 4 % en France), l'énergie éolienne a prouvé qu'elle avait atteint sa maturité technique. Son défi maintenant est de s'imposer sur toute la planète et de pouvoir produire dans un futur proche de quelques décennies près de la moitié de la consommation d'électricité mondiale. Tous les ingrédients techniques sont réunis pour relever ce défi, le petit coup de pouce d'une taxe carbone mondiale pénalisant le charbon serait assurément le signal pour faciliter ce déploiement.

Alors que l'Europe a été pionnière dans l'éolien, c'est l'Asie qui prend le relais puisque la Chine est le premier pays pour la puissance éolienne installée et que l'Inde s'invite dans le top 10. Autour de cette filière se jouent d'importants enjeux techniques, économiques et environnementaux.

D'abord des enjeux techniques. Si la filière est mature, elle ne continue pas moins de progresser. C'est ainsi que le défi de l'éolien en mer est important pour permettre à l'éolien d'atteindre ses objectifs ambitieux. Techniquement, on sait installer des fermes éoliennes en mer (la technologie des éoliennes posées en mer peu profonde est bien maîtrisée) mais à un coût encore élevé. L'enjeu est de réduire ce coût et d'être compétitif avec l'électricité nucléaire. En 2014, c'est le Royaume Uni qui est leader sur ce créneau de l'éolien en mer (devant le Danemark, l'Allemagne et la Belgique) mais la France affiche des prétentions dans ce domaine. Les sélections suite aux appels d'offres en France de 2012 et 2014 ont permis de retenir des consortiums pour installer 6 GW (à des échéances entre 2018 et 2020) au large des côtes situées entre Le Tréport et Noirmoutier. Un nouvel appel d'offres en 2015 devrait augmenter les objectifs et aider cette filière française à s'imposer au niveau international. Pour l'instant, il faut constater que les *majors* dans l'éolien sont étrangers. Les éoliennes raccordées en France fin 2014 provenaient majoritairement de Enercon et Nordex (Allemagne), Vestas (Danemark), Senvion (Inde, États-Unis) et très peu d'Alstom. Ceci devrait changer puisque Alstom et Areva proposent des éoliennes, notamment pour la mer, même si, fin 2014, c'est Siemens qui domine largement pour les turbines installées en mer. La France pourrait également se positionner sur le segment émergent des éoliennes flottantes destinées aux mers profondes (au delà de 50 m), ce qui permettrait d'augmenter encore la puissance éolienne installée.

Les enjeux économiques sont considérables car, d'ici 2020, de 50 à 60 GW, dont la moitié en Asie et le quart en Europe, devraient être installés tous les ans (à comparer à 100 GW d'ici 2030 pour le nucléaire soit environ 7 GW par an). Il y a débat sur le calcul des coûts des différentes technologies de production de l'électricité mais l'éolien terrestre est le moins cher en termes de coûts complets (intégrant les externalités comme la qualité de l'air, le changement climatique, la toxicité, etc.) à 105 €/MWh contre 130 pour le nucléaire et environ 160 pour le gaz et le charbon. En revanche, à 186 €/MWh, l'éolien en mer a encore besoin de tarifs d'achat préférentiels pour s'imposer. L'enjeu est d'abaisser les coûts de l'éolien en mer, notamment en augmentant la puissance des turbines afin de réduire les coûts de génie civil et de connexion électrique (en réduisant le nombre de fondations et de connexions). Cet aspect économique très favorable à l'éolien terrestre, lié à la facilité et la rapidité d'installation (comparé au nucléaire notamment), explique le succès et l'engouement pour l'éolien. En France, le rapport 2015 de l'ADEME qui propose un mix électrique 100 % renouvelable en 2050 table sur 50 % d'électricité éolienne dont 40 % en mer (plus des deux tiers à partir d'éoliennes flottantes). Quelques chiffres permettent de mesurer les enjeux. En 2015, globalement, la capacité éolienne atteint 400 GW (dont seulement 10 GW en mer), elle produit 5 % de la consommation électrique, emploie 800 000 personnes et investit 60 milliards d'euros par an. En 2040, la capacité devrait passer à 2 000 GW pour produire 15 % de la consommation d'électricité en employant 2 millions de personnes et en investissant 150 milliards d'euros. Quelle sera la place de l'Europe, qui a été pionnière, et de la France, qui s'efforce de rattraper son retard, dans ce gigantesque déploiement ? Là réside tout l'enjeu des décisions qui vont être prises dans les mois et années à venir. Avec seulement 10 GW raccordés en 2015 contre plus de 40 pour l'Allemagne, la France peut viser, avec une politique volontariste, d'approcher les 20 GW (grâce à l'éolien en mer) en 2020 et passer de 20 000 à plus de 30 000 emplois.

L'enjeu climatique et environnemental est également essentiel. Les éoliennes ne contribuent pas directement à l'effet de serre et elles ne polluent pas. Les seules nuisances mises en avant par ses détracteurs sont la détérioration du paysage et le bruit. Ces nuisances ne sont-elles pas dérisoires au regard de l'effet étonnant de transformer l'énergie cinétique du vent en courant électrique ? En 2015, les éoliennes permettent d'éviter d'émettre 600 millions de tonnes de CO_2 par an et en 2040, ce seront 2,3 milliards de tonnes par an qui seront évitées, ce qui est loin d'être négligeable comparé aux

32 milliards de tonnes émises dans le monde (dont environ 700 millions en France). Le développement d'électricité renouvelable, dont l'éolien constitue l'un des piliers majeurs, représente assurément l'une des voies les plus efficaces pour limiter le dérèglement climatique.

L'énergie éolienne terrestre est donc mature pour une production distribuée d'électricité (de quelques dizaines à quelques centaines de MW). Cette production d'électricité est variable mais prévisible. Certains pays européens vont bientôt parvenir à saturation et le relais devra être pris par l'éolien en mer. En revanche, dans de nombreux endroits (Asie, Afrique, Moyen-Orient, Amérique latine), tout reste à faire et ce sont les marchés de demain pour cette technologie. Ces développements requièrent que des productions locales des turbines soient effectuées afin de minimiser les difficultés du transport pour les éoliennes de grande puissance. Le transfert technologique constitue l'un des enjeux des négociations de la conférence de Paris, COP* 21, en décembre 2015 afin d'aider les pays en développement à satisfaire leurs besoins croissants d'électricité sans contribuer à l'effet de serre.

L'enjeu du développement de l'éolien en mer est considérable si l'on sait que le potentiel de l'éolien européen en mer correspond à 7 fois la consommation d'électricité européenne. Grâce à l'éolien en mer, on dispose d'une possibilité de satisfaire nos besoins d'électricité sans endommager la planète, avec bien entendu un mix électrique capable de compenser la variabilité prédictive de la production éolienne.

Francis Meunier

« L'énergie solaire photovoltaïque n'est valable que dans les pays chauds. »

Le soleil brille pour tout le monde.

Proverbe français

L'énergie solaire est bien entendu particulièrement adaptée pour les régions les plus ensoleillées. Mais l'exemple allemand, premier pays pour le solaire photovoltaique, est là pour nous démontrer que l'énergie solaire peut être valorisée même dans un pays peu réputé pour son ensoleillement.

La filière photovoltaïque correspond au summum de la haute technologie. Quoi de plus magique qu'un capteur qui convertit directement le rayonnement solaire en courant électrique ? C'est ce que fait quotidiennement une cellule photovoltaïque. Elle capte les photons contenus dans le rayonnement solaire, et grâce aux propriétés du matériau semi-conducteur dont elle est constituée, ces photons sont convertis en électrons. À l'heure actuelle, le silicium est très majoritairement employé comme matériau semi-conducteur, mais le tellurure de cadmium est également utilisé et des développements sur des matériaux organiques sont à l'étude. Le rendement est encore modéré, légèrement supérieur à 15 % pour le silicium polycristallin, mais des rendements nettement supérieurs à 25 % sont obtenus en laboratoire. Ceci laisse présager de nouvelles améliorations dans un proche avenir.

Sous l'impulsion de l'Europe (essentiellement l'Allemagne) puis avec le relais de la Chine depuis 2013, en 10 ans, de 2004 à 2014, le photovoltaïque a connu un essor extraordinaire puisque le marché annuel du photovoltaïque a été multiplié par 40 pour passer de 1 GWc1/an à 40 GWc/an. La marge de progression est encore considérable à tel point que l'Agence internationale de l'énergie (AIE)* annonce que l'électricité photovoltaïque pourrait atteindre 18 % de la production mondiale d'électricité en 2050. La question n'est donc plus de savoir si le photovoltaïque a de l'avenir mais plutôt de savoir jusqu'où il va monter dans le mix électrique et quels sont les acteurs qui vont le plus profiter de sa progression.

Malgré ses nombreuses qualités, l'énergie photovoltaïque est critiquée notamment pour son temps de retour énergétique, son empreinte carbone et son démantèlement (voir encadré).

Les tarifs d'achat, et plus généralement les aides et les taxes qui concernent le photovoltaïque sont l'objet de controverses et ont de profondes conséquences sur le marché et sur les fournisseurs. C'est ainsi qu'en Europe depuis quelques années (2008 pour certains pays), on assiste à une réduction des tarifs d'achat et des incitations, au prétexte que les constructeurs chinois feraient du *dumping* et que l'Europe contribuerait à subventionner les fabricants chinois de modules photovoltaïques. Ces mesures sont subvenues au moment de la crise de l'immobilier si bien que la conséquence a été une forte diminution de la puissance installée en Europe qui est passée de 22 GWc en 2011 à moins de 7 GWc en 2014. Cette chute de la demande s'est traduite par des défaillances d'entreprises européennes dans le secteur du photovoltaïque qui étaient en sur-capacité. Par exemple Q-Cells entreprise allemande qui était, en 2008, le premier fabricant mondial de modules photovoltaïques a commencé à perdre de l'argent avec la chute des prix des modules consécutive à la crise du bâtiment, à l'émergence de fabricants chinois et à la chute du marché. Q-Cells a déposé son bilan en 2012 et a été rachetée par une entreprise sud-coréenne.

En 2015, sur les 10 principaux fabricants de modules photovoltaïques, 8 sont asiatiques (dont les 6 premiers qui sont chinois) et les deux derniers sont américains, les européens ont disparu. Dans la mesure où, en 2014, l'Asie représentait environ 60 % du marché, cette tendance à la suprématie des fabricants asiatiques devrait se renforcer. Néanmoins, alors que l'Europe était leader dans le secteur du photovoltaïque, on regrette qu'aucun fabricant européen n'ait réussi à développer une production de masse à bas coût. Force est de reconnaître que ce sont les fabricants asiatiques qui ont réussi à entraîner une baisse, salutaire, du prix des modules. Heureusement, la filière ne se limite pas à la fabrication des modules et la fabrication des systèmes et des onduleurs est source d'emplois.

Les fluctuations des aides et taxes sur le photovoltaïque en Europe sont source d'inquiétudes justifiées de la part des industriels du secteur. La puissance photovoltaïque installée en Europe a d'abord connu une croissance rapide de 1 GWc en 2004 à près de 6 GWc en 2009 puis à 22 GWc en 2011 entraînant des budgets conséquents d'aides de la part de plusieurs gouvernements. La réaction a donc été une réduction brutale et incohérente sans préavis de certaines aides, ce qui a eu des effets désastreux sur le marché et a entraîné des défaillances d'entreprises. En 2015, la situation n'est pas encore stabilisée et il est urgent qu'une politique européenne cohérente, stable à long terme, se dessine dans l'énergie et dans le photovoltaïque en particulier.

Une illustration flagrante du fait que le photovoltaïque est concurrentiel avec les autres formes de production d'électricité nous vient du désert d'Atacama dans le nord du Chili où s'implante, sans subvention, une ferme solaire de 1 000 MWc. Cette ferme solaire se réalise en plusieurs étapes et environ 200 MWc ont déjà été mis en service en 2014, le reste viendra d'ici 2020. De nombreuses fermes solaires de grande puissance voient le jour, en

Californie, au Japon mais également en France où une ferme solaire de 300 kWc, qui utilise des modules chinois, est installée sur une surface de 2 km² à Cestas en Gironde.

Pour importantes qu'elles soient, les installations au sol ne représentent pas toute la filière. Ainsi, en 2013, en Europe, elles représentaient 34 % de la puissance installée, le reste étant : le commercial (incluant les ombrières de parking) à 27 %, le résidentiel à 22 % et l'industrie à 17 %. Cette variété des installations photovoltaïques est caractéristique des avantages de la filière : l'énergie peut être produite là où elle est consommée dans le résidentiel, le commercial et l'industrie et les plus grandes installations au sol permettent d'alimenter le réseau local pour les agglomérations. D'où le concept de consommateur-producteur qui permet d'envisager un rapport totalement différent à l'énergie de la part du consommateur qui peut être producteur.

Les marges de progrès pour la pénétration du photovoltaïque dans le bâtiment sont encore importantes car, à moyen terme, c'est toute l'enveloppe du bâtiment qui devrait contribuer à la production d'électricité et plus seulement le toit. Des recherches très actives ont lieu dans ce domaine et des résultats sont espérés d'ici peu. De plus, les recherches sur les matériaux et les progrès attendus sur les processus de fabrication des cellules et des panneaux permettent d'espérer, d'après l'AIE*, que les coûts de l'électricité photovoltaïque baisseraient de 25 % d'ici 2020, 45 % en 2030 et 65 % en 2050. Ces perspectives permettent d'envisager une production d'électricité photovoltaïque de 8 % en Europe en 2020 et 15 % en 2030 (contre près de 4 % en 2014, avec 7 % en Italie, 5,3 % en Allemagne et seulement 1,2 % en France).

Bien que possédant un bon ensoleillement au sud de la Loire, la France ne disposait que de 5,6 GWc photovoltaïques installés fin 2014 contre plus de 38 GWc pour l'Allemagne et 18,5 GWc pour l'Italie. Clairement, la France peine à réellement décoller dans le photovoltaïque, ce qui pénalise fortement les entreprises qui se lancent dans cette activité. D'abord, le tarif d'achat est indexé tous les trimestres en fonction du volume des demandes, ce qui rend difficile l'estimation de la rentabilité des projets. Par ailleurs, au delà de 100 kWc, le tarif d'achat étant trop bas, le soutien au photovoltaïque passe par des procédures d'appels d'offres qui sont critiquées car elles manquent de vision sur le long terme.

La forte contraction de la puissance installée entre 2011 et 2014 dans toute l'Union européenne s'est traduite par une importante réduction de 30 % du chiffre d'affaires et de l'emploi entre 2012 et 2013 respectivement à 22 Mds € et 159 000 emplois (la perte de près de 80 000 emplois en un an dans une période de crise a été très problématique). Pour la France, la perte d'emplois entre 2008 et 2012 avait déjà été de 40 %, ce qui a fait dire, à l'époque, que la filière était sinistrée suite notamment au moratoire sur les tarifs photovoltaïques de décembre 2010. Un signal positif est, en France, la petite augmentation de la puissance installée en 2014 par rapport à 2013 qui devrait se poursuivre dans les quelques années à venir grâce notamment aux récents appels d'offres.

Bien qu'ayant atteint sa maturité technique et prouvé son potentiel, le photovoltaïque, actuellement tiré par les marchés émergents en Asie, traverse une période d'incertitude en Europe suite aux profondes modifications des politiques tarifaires le concernant. Avec une puissance mondiale de raccordement de 40 GWc/an, la puissance photovoltaïque mondiale installée en 2020 sera de l'ordre de 500 GWc (la puissance électrique mondiale est de l'ordre de 6 000 GW), ce qui devient important et commence à inquiéter les *majors* de l'énergie. En Europe, la perspective est une production photovoltaïque correspondant à entre 10 et 15 % de la consommation d'électricité en 2030 suivant l'évolution des politiques publiques à son égard. Une grande inconnue reste le développement dans les pays très ensoleillés

Bilan énergétique, empreinte carbone et recyclage du photovoltaïque

Le temps de retour énergétique et l'empreinte carbone des systèmes photovoltaïques sont souvent et curieusement l'objet de controverses. Pourquoi ne pas s'interroger pareillement sur le pétrole et le nucléaire ? De nombreuses études d'ACV (Analyses Cycles de Vie) ont été consacrées aux systèmes photovoltaïques et on dispose maintenant de données fiables mais qui dépendent, bien entendu de la filière de fabrication. Le temps de retour énergétique (fort dépendant du site d'utilisation) est toujours inférieur à 4 ans et peut être inférieur à un an dans les endroits les plus ensoleillés. Pour une installation dont la durée de vie sera de 25 ans, cela signifie que c'est moins de 16 % et éventuellement moins de 5 % de l'énergie produite qu'il aura fallu fournir pour la construction et le démantèlement. À titre de comparaison, la production de diesel ou d'essence utilise environ 15 % du pétrole extrait pour l'extraction, le transport et le raffinage.

En ce qui concerne le CO_2 émis, on arrive à 40-60 gCO_2/kWh (une étude financée par l'ADEME propose de prendre 42 gCO_2/kWh), ce qui est certes supérieur aux valeurs obtenues avec l'éolien ou l'hydraulique (de l'ordre de 10 gCO_2/kWh) mais très largement inférieur aux valeurs obtenues avec les combustibles fossiles toujours supérieures à 800 gCO_2/kWh et du même ordre de grandeur que les valeurs pour le nucléaire.

Afin de réduire le temps de retour énergétique et le contenu carbone du kWh, un recyclage efficace est requis.

À nouveau, ce problème du démantèlement ne concerne pas que les énergies renouvelables, le nucléaire est de loin le plus concerné ! Les équipements photovoltaïques relèvent de la Directive D3E « Déchets d'équipements électriques et électroniques » et leur gestion est encadrée. De plus, les fabricants européens de panneaux photovoltaïques ont pris l'initiative de créer une association, PV Cycle, de recyclage de panneaux photovoltaïques. Ils organisent la collecte et le recyclage des panneaux. En France, un éco-organisme, PV Cycle, qui a mis en place un système de collecte, a été agréé par les pouvoirs publics.

Le recyclage est ainsi maîtrisé. Par exemple, pour la filière au silicium cristallin, des traitements thermique et chimique sont utilisés afin de recycler le silicium. Après leur désencapsulation des modules, les cellules subissent un traitement chimique qui permet de récupérer les plaquettes de silicium débarrassées des contacts métalliques et de la couche anti-reflet. Ces plaquettes sont réutilisées soit pour faire de nouveaux lingots soit de nouvelles cellules. Un traitement thermique permet aussi de traiter le plastique, la colle et les joints.

Par ailleurs, les onduleurs utilisés doivent être collectés et recyclés en fin de vie dans le cadre de la D3E (Déchets d'équipements électriques et électroniques).

S'agissant d'une filière jeune, il est remarquable que le recyclage soit déjà opérationnel. Rien à voir avec les problèmes du démantèlement et des déchets du nucléaire !

mais en développement (notamment l'Afrique et certains pays asiatiques). L'attente de ces pays est un financement des énergies renouvelables*, qui sera discuté en décembre 2015 lors de la conférence de Paris, à partir des fonds verts alimentés par les pays développés et destinés à limiter le dérèglement climatique.

Francis Meunier

« Rouler aux biocarburants permet de réduire l'effet de serre. »

Nous pensons que le défi le plus pressant de la décennie à venir sera environnemental – et plus axé sur le « pic de capacité d'absorption du carbone » de l'atmosphère que sur la disponibilité des carburants fossiles.

David Eyton, chef du département Recherche et Technologie de BP, discours de janvier 2009

Pourquoi dit-on que les biocarburants réduisent les émissions de gaz à effet de serre* ? C'est parce qu'il existe une différence fondamentale entre les carburants fossiles, qui s'inscrivent dans un cycle long du carbone, et les biocarburants qui s'inscrivent dans un cycle bien plus court. Les carburants fossiles sont en effet extraits des sous-sols où ils ont mis des millions d'années à se former. Les biocarburants sont quant à eux produits à base de plantes, qui lors de leur croissance capturent le CO_2 de l'atmosphère grâce à la photosynthèse. C'est en quelque sorte la réaction inverse de celle qui se produira ensuite dans le moteur (où les liaisons entre les atomes de carburants seront cassées, libérant de l'énergie et du CO_2) : la plante absorbe du dioxyde de carbone, et, grâce à la lumière du soleil qui agit comme source d'énergie, le transforme en molécules plus complexes (par exemple sucre ou cellulose). Ce dioxyde de carbone est ensuite réémis lors de la combustion du biocarburant dans le moteur. De ce point de vue, les biocarburants sont « neutres en carbone », c'est-à-dire qu'ils émettent autant de CO_2 que ce qu'ils ont préalablement absorbé. En réalité, la même chose est vraie du pétrole, qui se forme à partir de débris de matière organique, principalement des plantes, qui sont piégés dans les sous-sols et forment des hydrocarbures. Différence de taille : dans un cas le phénomène se produit sur quelques mois, dans l'autre sur des millions d'années !

Les biocarburants sont-ils pour autant totalement neutres pour l'atmosphère ? Pas si l'on regarde l'ensemble de leur cycle de production – ce qu'on appelle une « analyse de cycle de vie ». En amont du cycle, les matières premières utilisées pour produire les biocarburants sont en général des produits agricoles (colza, maïs, canne à sucre, betterave...) qu'il faut cultiver en utilisant des engrais. La fabrication de ces engrais demande de l'énergie, et leur utilisation dans les champs provoque l'émission de protoxyde d'azote, un gaz à effet de serre très puissant. Il faut ensuite transformer les matières premières en carburants liquides, dans une usine ou une raffinerie. Cette opération est gourmande en énergie, particulièrement dans le cas de la production de bioéthanol, où l'on doit casser par hydrolyse les molécules d'amidon pour en faire du glucose (dans le cas des céréales uniquement puisque la canne à sucre et la betterave produisent le glucose directement) puis séparer l'éthanol de l'eau en procédant à une distillation. Il faut également transporter les matières premières jusqu'à l'usine, et à l'aval du cycle les biocarburants jusqu'aux pompes – autre source de consommation d'énergie, et donc d'émissions de gaz à effet de serre. À l'inverse, les processus de transformation des biocarburants donnent lieu à ce que l'on appelle des « co-produits » – parce qu'ils sont produits en même temps que l'éthanol ou le biodiesel –, utilisés pour l'alimentation animale, l'énergie, ou la chimie. Leur mise sur le marché évite leur production ailleurs, avec des émissions de gaz à effet de serre associées. Lorsqu'on calcule l'ensemble des émissions des biocarburants, on doit donc déduire les émissions évitées par ces co-produits.

Si l'on prend en compte toutes ces sources d'émissions, le gain par rapport aux carburants d'origine fossile est très variable :

certains biocarburants permettent de réduire pratiquement à zéro les émissions de gaz à effet de serre par rapport aux combustibles fossiles, d'autres émettent autant voire plus que l'essence ou le gazole classique dans les cas les plus défavorables. La majorité des biocarburants se situe entre 20 et 80 % de réductions d'émissions.

À quoi sont dues ces fortes variations entre différents types de biocarburants ? Tout d'abord, à la matière première agricole utilisée. Certaines cultures, comme le colza, demandent plus d'engrais, et conduisent donc à plus d'émissions, que d'autres comme la betterave ou la canne à sucre. L'autre source d'émissions substantielles est le processus de transformation de la plante en biocarburants. Comme on l'a vu, la transformation de l'éthanol demande plus d'énergie, et émet donc en général plus de gaz à effet de serre, que celle du biodiesel. Mais pour cette production, le choix de la source d'énergie pour les usines de transformation en éthanol a un impact majeur. En effet, brûler du charbon plutôt que du gaz naturel émet presque deux fois et demie plus de CO_2 dans l'atmosphère ! En revanche, si l'on utilise des résidus de culture comme la paille dans le cas du blé ou la bagasse dans le cas de la canne à sucre, les émissions associées sont quasiment nulles. C'est d'ailleurs ce qui explique en partie les très bonnes performances de l'éthanol de canne à sucre, qui permet de réduire les émissions de gaz à effet de serre de près de 80 % par rapport à l'essence. Enfin, l'utilisation du procédé dit de « co-génération » permet de produire, en même temps que la chaleur qui servira à la distillation, de l'électricité qui pourra être transmise au réseau électrique, évitant ainsi les émissions de gaz à effet de serre dans une autre usine de production d'électricité. Dans le cas de la production du biodiesel, il faut extraire l'huile végétale des graines (colza, soja, tournesol...) puis effectuer une réaction chimique (transesterification ou, pour certains types de technologie, hydrogénation). Ces différentes étapes nécessitent de l'énergie – même si c'est dans une moindre mesure que pour la production d'éthanol. Quel que soit le biocarburant produit, certaines usines sont plus efficaces que d'autres et demandent moins d'énergie pour leur procédé de transformation. Les émissions liées au transport et à la distribution des biocarburants dans le réseau de stations services sont, quant à elles, relativement faibles comparées au total. Comme on peut le voir, un grand nombre de facteurs entre en compte, ce qui explique que pour l'éthanol produit à partir de blé on observe des émissions de gaz à effet de serre qui peuvent aller de 4 % de plus que les combustibles fossiles à 60 % de moins !

Jusqu'ici, nous avons négligé une source potentiellement très importante d'émissions : les changements dans l'utilisation des terres que peuvent générer les cultures de biocarburants. La première condition pour produire des biocarburants est en effet de disposer de terres agricoles. Si, pour obtenir ces terres agricoles, on déforeste ou on détruit d'autres types d'écosystèmes, on renvoie vers l'atmosphère une grande partie du carbone qui était stocké dans la végétation ou dans le sol. Ces émissions ne se produisent qu'une seule fois, contrairement aux autres types d'émissions (engrais, procédés industriels et transport) qui ont lieu chaque année. Pour prendre en compte le fait que les terres agricoles produiront des biocarburants pendant peut-être deux ou trois décennies, on peut diviser les émissions qui résultent de la conversion d'écosystèmes en terres agricoles par vingt ou trente. Mais même ainsi étalées dans le temps, ces émissions sont dans beaucoup de cas suffisamment importantes pour rendre les biocarburants moins bons pour le climat que les carburants fossiles.

Quels sont les types d'écosystèmes qui contiennent tant de carbone que les convertir en terres agricoles est préjudiciable pour le climat, même en y produisant des biocarburants très performants ? Tout d'abord les forêts, et en particulier les forêts naturelles anciennes, qui ont au cours des décennies accumulé d'importantes quantités de carbone dans leur végétation, et, grâce à l'accumulation de l'humus, dans le sol. Les forêts tropicales sont en général celles qui contiennent le plus de carbone. Certains types de prairies et de savanes sont également particulièrement riches en carbone, stocké pour l'essentiel dans le sol puisque leur végétation est principalement constituée d'herbes. Mais les écosystèmes qui contiennent la plus grande quantité de carbone, stockée sous forme de matière organique, sont les zones humides et en particulier les tourbières. Le drainage de ces sols entraîne des émissions élevées de dioxyde de carbone pendant des dizaines voire des centaines d'années.

Convertir des écosystèmes riches en carbone pour produire des biocarburants n'est donc pas une bonne idée. Mais les biocarburants produits sur des terres agricoles déjà existantes ne sont pas forcément exempts de tout soupçon non plus : dans un monde qui augmente sa consommation de produits agricoles, la production de biocarburants va, en augmentant encore la demande pour ces produits, contribuer à repousser les limites actuelles des terres arables – parfois aux dépens de forêts, tourbières et prairies riches en carbone.

À l'inverse, certains biocarburants sont particulièrement performants du point de vue du climat. C'est le cas par exemple de ceux produits à partir de déchets : au lieu de jeter l'huile de friture des restaurants à la décharge, on peut en faire du biodiesel, avec un très bon bilan carbone. Les biocarburants dits de « deuxième génération », même si leur production commerciale est aujourd'hui limitée, devraient avoir de bonnes performances à partir du moment où ils n'entraînent pas, directement ou indirectement, de conversion d'écosystèmes riches en carbone. Les biocarburants produits à partir d'algues semblent également prometteurs, même si beaucoup d'incertitudes demeurent.

Il faut donc regarder les choses de plus près si l'on veut connaître l'impact réel des biocarburants sur le climat. Certains types de

Émissions de gaz à effet de serre sur le cycle de vie pour la production des biocarburants et des carburants fossiles

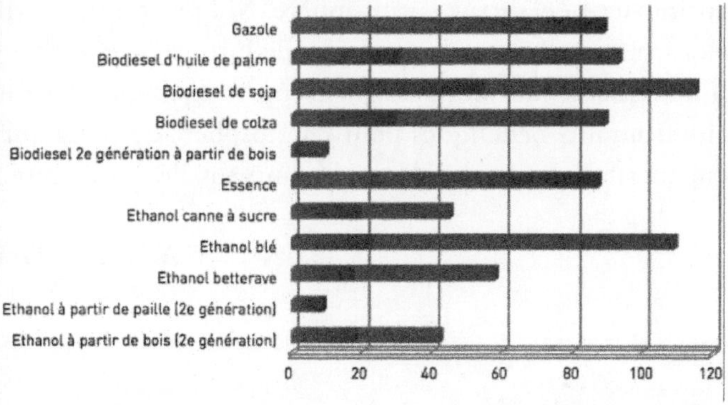

Émissions de gaz à effet de serre (en grammes de CO_2 par Méga Joules) : les barres gris clair et gris foncé indiquent respectivement les valeurs minimales et maximales. Ce graphique n'inclut pas les émissions liées au changement d'affectation des terres.
Source : Centre Commun de Recherche de la Commission européenne, rapport « Well to Wheel » version 4.a Avril 2014.

Les émissions de gaz à effet de serre sur le cycle de vie incluent la totalité des émissions liées à la production et l'usage d'un carburant. Pour les biocarburants, cela inclut la culture, le transport, la transformation et la distribution. Les émissions liées à l'utilisation (combustion) sont considérées comme nulles puisqu'elles correspondent à une quantité équivalente de dioxyde de carbone capté par la plante lors de sa croissance. Attention : ici, le dioxyde de carbone émis en cas de changement d'affectation des terres (par exemple déforestation), direct ou indirect, n'est pas pris en compte.
Pour les carburants fossiles, les émissions sur le cycle de vie comportent l'extraction, le transport, le raffinage, la distribution, et enfin la combustion dans le réservoir (qui représente la majorité des émissions).
Les émissions d'un même biocarburant peuvent varier sensiblement en fonction de la méthode de production et du devenir des co-produits, ce qui explique les intervalles parfois très importants observés.

biocarburants, produits dans certaines conditions, donnent des résultats véritablement intéressants. D'autres peuvent avoir un impact négatif sur l'atmosphère. Si l'on souhaite utiliser les biocarburants comme instrument de lutte contre le changement climatique, il faut donc soigneusement distinguer les filières de biocarburants bénéfiques pour l'atmosphère de celles qui ont un impact similaire à celui des carburants fossiles, voire pire.

Ariane de Dominicis

« La remontée du prix du pétrole va régler le problème. »

Nous devons reconnaître en tant que consommateurs que des prix anormalement bas du pétrole, s'ils apportent des bénéfices à court terme, provoquent des dommages à long terme.

Gordon Brown et Nicolas Sarkozy, sommet du G8, 8 juillet 2009

Lorsque le prix du pétrole flambe, les entreprises et les particuliers en subissent directement le choc avant de chercher les moyens d'adapter leur consommation. Les deux chocs pétroliers de 1973 et de 1980, au moment de la guerre du Kippour puis de la crise iranienne, ont sévèrement éprouvé les économies industrialisées. La hausse du prix du pétrole, indispensable à leur fonctionnement, a ainsi déclenché des récessions qui ont duré près de trois ans. À plus long terme, ces chocs ont aussi contribué à donner un coup d'arrêt aux gaspillages de pétrole en rationalisant son usage : en 1973, on utilisait 1,6 baril de pétrole pour produire 1 million de dollars de produit intérieur brut (PIB)* dans les pays développés de l'Organisation de coopération et de développement économiques (OCDE). En 2009, il n'en fallait plus que 1. Deux types d'ajustements ont contribué à cette baisse : l'amélioration de l'efficacité énergétique* et l'utilisation accrue d'autres sources énergétiques. La conclusion apparente est que laisser monter le prix du pétrole permettrait à la société de sortir de son addiction à « l'or noir » et aux gaspillages énergétiques.

Si l'idée précédente était vérifiée, ce serait plutôt une bonne nouvelle pour le climat : la crise énergétique qui en résulterait serait dure à encaisser pour l'économie, qui reste sensible à la hausse du prix du pétrole. Mais elle limiterait l'ampleur de la crise climatique à plus long terme. La réalité n'est sans doute pas aussi simple quand on parle de réserves énergétiques et de rareté. L'exemple des gaz de schistes, extraits à partir de techniques non conventionnelles plus énergivores et dangereuses au plan environnemental, est là pour le rappeler : leur mise en exploitation rapide a bouleversé totalement le paysage énergétique tel qu'on se le représentait il y a encore moins d'une décennie.

D'après l'Agence internationale de l'énergie*, les réserves de pétrole prouvées, c'est-à-dire dont l'existence est connue, seraient épuisées dans à peine 40 années au rythme de consommation actuel. Certains estiment même que le monde a déjà atteint un pic d'exploitation dit « *peak oil* » à partir duquel le déclin de la production pétrolière est inexorable. Cette raréfaction prévisible de la ressource a conduit un temps les opérateurs à anticiper le maintien durable du prix du pétrole au-dessus de 100 dollars le baril, un seuil considéré il n'y a pas si longtemps comme infranchissable. Mais la baisse de la demande mondiale, assortie du maintien des niveaux de production, a provoqué fin 2014 une chute tout aussi spectaculaire du prix du pétrole. Qu'en conclure pour les émissions de gaz à effet de serre* ?

À court terme, le renchérissement du pétrole a eu deux répercussions bénéfiques pour le climat. *Primo*, il incite les consommateurs à « chasser le gaspi » en accroissant l'efficacité de l'utilisation de l'énergie. Or les gains d'efficacité énergétique sont le premier levier de baisse des émissions et l'un des plus rentables : l'énergie économisée n'émet pas de gaz à effet de serre et permet de ne pas débourser d'argent ! *Secundo*, le renchérissement du pétrole facilite le développement d'énergies de substitution telles que les énergies renouvelables*. Le premier débouché du pétrole étant le secteur des transports, on songe immédiatement aux biocarburants, dont il ne faut cependant pas surestimer le potentiel, surtout en ce qui concerne la première génération.

Après un démarrage réussi au Brésil, le développement de la filière biocarburants en Europe et aux États-Unis a buté sur de multiples contraintes : coûts élevés exigeant des subventions importantes, bilans écologiques inégaux du fait des changements d'usage des sols et concurrence avec les productions alimentaires. Seule la première est assouplie par le relèvement du prix du pétrole. Face à l'accumulation de ces effets pervers, une grande partie des espoirs se sont reportés sur les biocarburants de « seconde génération » permettant d'utiliser des déchets de cultures, des arbustes ou des taillis à courte rotation n'entrant pas en concurrence avec les productions alimentaires. L'expérience révélera ce qu'il est possible de faire et à quel coût. Pour l'heure, les carburants de seconde génération en sont au stade des recherches et expérimentations en Europe, mais aussi dans la Silicon Valley où les « jeunes pousses » de la *green economy* ont pris le relais de leurs aînées focalisées sur les technologies de l'information à la suite du renchérissement de l'or noir.

Mais l'idée d'une autorégulation des systèmes, qu'ils soient énergétiques ou financiers, est trompeuse. Le renchérissement du pétrole prolonge paradoxalement la dépendance de notre société à l'égard des énergies fossiles*, conduisant à terme vers plus d'émissions de gaz à effet de serre. Trois raisons expliquent ce phénomène qui va à rebours de l'idée reçue : le charbon, plus émetteur de carbone que le pétrole, est son premier substitut possible ; la hausse des prix pétroliers rentabilise de nouveaux gisements de pétrole, notamment non conventionnels ; elle donne des moyens financiers considérables aux compagnies et états producteurs pour mettre en exploitation ces nouveaux gisements.

Rappelons d'abord que le pétrole n'est que l'une des trois énergies fossiles utilisées dans le monde. Il n'est pas le premier contributeur aux émissions de CO_2 liées à l'utilisation d'énergie :

au palmarès des énergies les plus émettrices, le charbon monte sur la première marche du podium avec plus de 43 % des émissions mondiales de CO_2, suivi par le pétrole avec 37 % et le gaz naturel dont la part n'est encore que de 20 % mais pourrait augmenter rapidement dans les décennies à venir. Le pétrole est la principale source des carburants utilisés dans les voitures, les camions, les bateaux et les avions. Le charbon est de son côté principalement utilisé pour la production d'électricité qui représente à elle seule le quart des émissions mondiales de gaz à effet de serre. Il est également le combustible permettant de faire tourner certaines industries lourdes comme la sidérurgie. L'usage du gaz naturel est plus diversifié.

Les trois énergies fossiles n'ont pas les mêmes facteurs d'émission : pour obtenir l'énergie contenue dans une tonne de pétrole, on émet en moyenne 4 tonnes de CO_2 avec du charbon, 3,1 tonnes avec un produit pétrolier et 2,3 tonnes avec du gaz naturel. Basculer du pétrole vers le charbon accentue donc l'effet de serre. Basculer du pétrole vers le gaz l'atténue, mais moins que si on bascule vers de l'énergie renouvelable ou de l'énergie nucléaire, aux émissions quasi-nulles. Que se passe-t-il alors en cas d'envolée du prix du pétrole ?

En premier lieu, le charbon, moins cher et plus abondant que le pétrole, devient encore plus attractif. C'est exactement ce qui s'est produit durant la première décennie du XXIe siècle : le charbon est la source primaire d'énergie dont le poids a le plus augmenté. D'où le taux de croissance record des émissions mondiales de gaz à effet de serre sur cette période. Or, si rien n'est fait, le mouvement peut se prolonger longtemps. Les réserves prouvées de charbon sont abondantes : elles correspondent à près de 200 années de consommation actuelle. C'est cinq fois plus que pour le pétrole et trois fois plus que pour le gaz naturel. Elles sont géographiquement bien réparties, limitant les risques de rupture d'approvisionnement énergétique pour les pays qui les utilisent.

Le charbon est de surcroît peu coûteux à produire, notamment dans les mines à ciel ouvert comme celles d'Australie ou de l'état américain du Wyoming.

Jusqu'à présent, le renchérissement du pétrole a surtout conduit à utiliser plus de charbon dans la production électrique et dans certaines industries de base, le plus souvent localisées en Asie. Mais avec une élévation durable du prix du pétrole, il deviendrait rentable de liquéfier ou gazéifier le charbon pour le transformer en carburants. Initialement mise au point en Allemagne, cette technologie a été développée en Afrique du Sud pour contrecarrer les effets de l'embargo à la fin de la période de l'*apartheid*. Elle a été exportée par la société sud-africaine Sasol en Inde et en Chine. De nombreux projets de développement de cette filière de « charbon liquide » pourraient voir le jour, notamment aux États-Unis, en Chine, en Inde et en Australie si le pétrole reste coûteux, avec des retombées négatives sur le bilan des émissions : un carburant dérivé du charbon émet plus de deux fois plus de gaz à effet de serre que le super ou le diesel classique actuellement disponibles dans nos stations-services.

Le second effet indésirable d'un renchérissement du pétrole est de rentabiliser l'exploitation de nouveaux gisements pétroliers, allongeant la durée prévisible de leur utilisation dans le monde. Les quarante années de réserves prouvées chiffrées par l'Agence internationale de l'énergie en 2007 ne signifient donc nullement que dans quarante ans toute forme de pétrole aura disparu. Du reste, il y a quarante ans, juste avant le déclenchement du premier choc pétrolier de 1973, l'estimation des réserves prouvées était déjà de… quarante ans ! Mais depuis, le relèvement du prix du pétrole a incité à accroître les investissements d'exploration qui ont permis de découvrir puis d'exploiter de nouveaux gisements.

Or, là encore, le potentiel semble considérable : seule une petite partie du globe a fait l'objet d'une prospection systématique. Avec les progrès techniques, de nombreux gisements pourraient devenir exploitables plus loin au fond des océans, sous la forêt amazonienne ou sous les glaces de l'océan Arctique. Par ailleurs, de nouvelles formes de pétroles, dits pétroles non conventionnels, pourraient être utilisées, comme les réserves de schistes bitumineux que les Canadiens ont commencé à exploiter et dont est abondamment pourvu le Venezuela. Tout dépendra du prix ! Le renchérissement du pétrole risque donc d'immobiliser des milliards pour vider le sous-sol de toutes sortes de pétroles dont l'extraction s'avère dangereuse pour l'environnement et néfaste pour le climat. Et comme le montre la mise en exploitation des gaz de schiste aux États-Unis, le mouvement peut être rapide quand les techniques sont au point. Ne serait-il pas plus judicieux d'utiliser ces milliards pour explorer d'autres sources d'énergie non émettrices de gaz à effet de serre ?

Troisième conséquence de la remontée du prix du pétrole : un bonus financier, perçu par les acteurs économiquement et politiquement les plus intéressés à la prolongation de « l'aventure pétrolière ». La rente pétrolière que se disputent les grandes compagnies, les états producteurs et les états consommateurs augmente mécaniquement avec le prix du pétrole. Elle accroît les moyens financiers que les compagnies peuvent affecter à leurs investissements de recherche et d'exploration. Au plan géopolitique, elle conduit les états pétroliers à freiner des quatre fers face à la mise en place d'objectifs climatiques internationaux. Enfin, même les états consommateurs peuvent voir un intérêt au maintien du pétrole lorsque leurs ressources budgétaires en dépendent : supprimer en France les recettes des taxes sur les produits pétroliers diminuerait le budget de l'État de 5 %, un chiffre non négligeable dans un contexte de pénurie budgétaire.

En définitive, les effets à terme de la hausse du prix du pétrole vont à contresens de l'idée reçue. Les implications politiques en sont importantes. Si la hausse du prix du pétrole nous orientait spontanément vers l'économie bas carbone, l'action la plus efficace contre le changement climatique serait de veiller au bon fonctionnement des marchés énergétiques pour qu'ils envoient le signal requis. C'est par exemple la voie suggérée par l'économiste Philippe Chalmin qui compte plus sur ces marchés que sur les conférences des Nations unies pour s'attaquer aux questions environnementales : « Grâce à la question du pétrole, c'est aussi toute la problématique de notre environnement dans les décennies à venir qui se trouve posée. À cet égard, convenons que le parquet des marchés de New York est une caisse de résonance autrement plus efficace et puissante que les conférences internationales de Johannesburg ou de Rio... » Nous venons de voir que cette voie, judicieuse à court terme, peut s'avérer désastreuse à long terme.

Si la hausse du prix du pétrole ne constitue pas une panacée, revenir à un pétrole bon marché nous remet dans l'autre impasse des gaspillages énergétiques au détriment de l'équilibre du climat. Comment dès lors sortir de ce dilemme ? La bonne voie consiste à renchérir le coût d'utilisation non pas du pétrole uniquement, mais de toutes les énergies fossiles sur la base de leurs émissions de carbone pour stimuler leur remplacement par des énergies non émettrices. Ce n'est donc pas le prix du pétrole qui doit être renchéri, mais celui des émissions de CO_2 associées à son utilisation.

Anaïs Delbosc & Christian de Perthuis

« Les biocarburants sont la seule réponse crédible au pic pétrolier. »

L'essence est aussi indispensable que le sang
dans les batailles de demain.

Georges Clémenceau, lettre au Président Wilson, novembre 1917

Nos ressources en énergie fossile ne sont pas infinies – formées par la décomposition de matière organique sur des millions d'années, les gisements disponibles arriveront un jour à épuisement. Depuis la Révolution industrielle, leur consommation a explosé, d'abord dans les pays développés, puis, plus récemment, dans les pays émergents comme la Chine ou l'Inde. Or l'énergie procurée par ces ressources est indispensable pour les activités économiques, et en particulier pour le transport. La perspective de leur épuisement fait donc peser une menace sur l'économie mondiale. Les biocarburants, produits à partir de matières végétales et non de pétrole, sont-ils la solution à cette équation ?

Le géologue Marion King Hubbert est le premier à avoir développé la notion de pic pétrolier (en anglais *peak oil*), dans les années 1950. Il avait prédit que la production de pétrole d'une zone donnée avait la forme d'une courbe en cloche : croissante exponentiellement au départ, elle atteint un maximum avant de diminuer inexorablement au fur et à mesure que les coûts d'extraction augmentent. Cette théorie était, d'après lui, valable aussi bien à l'échelle d'un puits de pétrole (où le précieux liquide commence par jaillir de lui-même, mais où récupérer les dernières gouttes est extrêmement coûteux et énergivore) qu'à celle d'un pays – il avait prédit le pic pétrolier américain qui a eu lieu à la fin des années 1960 – ou de la planète. Les experts ont beaucoup débattu par la suite sur l'existence ou non d'un tel pic au niveau mondial, et sur la date de son occurrence. Ils s'accordent en général pour dire qu'il va être de plus en plus coûteux de produire du pétrole, et qu'à terme la production va diminuer. Toute la question est de savoir quand.

Comment savoir si la planète va être à court de pétrole dans les prochaines décennies ? Estimer les réserves actuelles de pétrole conventionnel est un exercice délicat. Les données disponibles sont souvent basées sur les déclarations des pays producteurs, qui peuvent avoir intérêt à les surestimer (pour asseoir leur pouvoir stratégique) ou à les sous-estimer (pour soutenir les prix), et refusent en général toute vérification par des tiers. En Russie, divulguer des informations sur les réserves fossiles du pays est puni de prison ! Par ailleurs, la possibilité de trouver de nouveaux gisements existe toujours – de nouvelles réserves sont découvertes chaque année, avec des volumes plus ou moins importants. Il semble cependant clair pour la plupart des experts que tout le pétrole bon marché, ou presque, a été découvert. Mais au fur et à mesure que le prix du baril augmente, il devient rentable d'exploiter de nouvelles ressources qui jusque-là étaient trop coûteuses.

Extraire les derniers pourcents de pétrole d'un puits, ou aller exploiter des gisements difficiles à atteindre (dans les fonds sous marins ou en Arctique, par exemple), peuvent donc devenir intéressants financièrement si le prix du baril monte suffisamment. Mais le plus grand potentiel réside probablement dans l'exploitation de ce qu'on appelle les pétroles non conventionnels : pétrole lourd, sables et schistes bitumineux. Il est ainsi possible d'extraire du pétrole de certaines roches (schistes bitumineux) qui contiennent du kérogène, une substance intermédiaire entre la matière organique et le pétrole. Les sables bitumineux sont quant à eux des mélanges de sable, d'eau et de bitume, une forme très visqueuse. Les pétroles lourds sont un peu plus fluides que les sables bitumineux, tout en restant très denses. Il est extrêmement coûteux de produire du pétrole à partir de ces matériaux, et les impacts environnementaux sont très importants : émissions de gaz à effet de serre* dues au besoin énorme en énergie pour l'extraction et la transformation, déforestation, pollution de l'air et de l'eau. Cependant, à un prix du baril suffisamment élevé, il devient intéressant économiquement d'utiliser ces ressources, dont les réserves estimées sont très élevées : près de 5 000 milliards de barils pour les schistes bitumineux, alors que les réserves prouvées de pétrole conventionnel sont aux alentours de 1 300 milliards de barils ; des réserves estimées en pétrole lourd au Venezuela égales à celles de pétrole conventionnel en Arabie Saoudite. Par ailleurs, d'autres types de carburants, produits à partir de gaz ou de charbon, voient déjà le jour aujourd'hui : ce sont le GTL *(gas to liquid)* et le CTL *(coal to liquid)*, du charbon et du gaz liquéfiés pour former des hydrocarbures liquides. Le charbon liquéfié (CTL) avait été développé par l'Afrique du Sud, aux sous-sols riches en charbon, lorsqu'elle était soumise à un embargo pétrolier à l'époque de l'apartheid. La production de ces carburants consomme énormément d'énergie et est fortement émettrice de gaz à effet de serre. Le potentiel de production, une fois que la technologie sera mature commercialement, est de milliers de milliards de barils. Par comparaison, la consommation mondiale de pétrole, tous usages confondus, tourne actuellement autour de 34 milliards de barils par an.

Le pic pétrolier, s'il est une réalité pour le pétrole conventionnel, n'empêchera donc pas l'exploitation de nouvelles sources de pétrole – au prix fort, et avec des conséquences environnementales, notamment sur le climat, très néfastes. De manière générale, les réserves disponibles dépendent donc en partie du prix qu'on est prêt à y mettre.

La vitesse à laquelle nous pourrions être à court de pétrole bon marché dépend également de la consommation, qui ne cesse de croître. La planète a récemment passé le cap où la consommation annuelle dépasse le rythme de découverte de nouvelles ressources. La consommation de pétrole des pays développés a atteint, selon les experts, un maximum, et ne devrait plus progresser significativement. En revanche, celle des pays en développement et émergents – surtout la Chine et l'Inde – explose. L'Agence internationale de l'énergie (AIE)* estime que la consommation de pétrole des deux géants pourrait plus que doubler entre aujourd'hui et 2030, représentant près de 70 % de la nouvelle demande en pétrole. Si cette tendance se confirme, et si les pays développés n'arrivent pas à resserrer leur consommation, les réserves s'épuiseront d'autant plus rapidement. Il est extrêmement difficile de prévoir la date d'un « pic » pétrolier : certains experts estiment qu'il a déjà eu lieu, d'autres annoncent qu'il surviendra après 2020. Ce pic marquera le moment où la production mondiale de pétrole conventionnel commencera à décliner.

Notre économie est extrêmement dépendante de l'énergie pour la production et la distribution de biens et services ainsi que pour la mobilité des personnes. Le transport, en particulier, est dépendant à 96 % du pétrole, et l'AIE prévoit que la quasi-totalité de l'augmentation de consommation de pétrole mondiale d'ici à 2030 proviendra de ce secteur – il est donc essentiel de se préoccuper de ce qui se passera quand l'accès aux ressources pétrolières deviendra plus coûteux qu'aujourd'hui.

Les biocarburants sont une alternative au pétrole pour le transport. Ils ont l'avantage de se présenter sous la même forme que le pétrole – liquide – et de pouvoir être consommés dans un moteur de véhicule standard avec relativement peu d'adaptation. Leur autre avantage est qu'ils ne sont pas issus de ressources fossiles finies, mais de la croissance et la transformation de produits

La production de biocarburants dans le monde en 2013 (Chiffres en millions de tonnes équivalent pétrole)

	Éthanol	Biodiesel	Total	pourcentage de la production mondiale
États-Unis	22,6	3,7	26,3	44%
Brésil	11,5	2,2	13,7	23%
France	0,5	1,5	2	3%
Allemagne	0,4	1,8	2,1	4%
Chine	0,9	0,2	1,1	2%
Argentine	0,2	1,8	2	3%
Canada	0,8	0,2	1	2%
Union Européenne	2,0	8,1	10,1	17%
Monde	39,2	20,3	59,5	100%

Source : REN 21 – Renewables 2014, Global Status Report

Faut-il augmenter massivement la production de biocarburants pour permettre d'enrayer la consommation de pétrole dans les transports ? On se heurte ici à un problème de ressources. Les biocarburants ne sont pas des énergies fossiles*, mais ils consomment des ressources limitées de notre planète : la production agricole, ainsi que les terres et l'eau nécessaires pour cette production. Ainsi, on estime que les 1,5 % de la consommation mondiale de pétrole représentés par la production de biocarburants en 2013 ont utilisé un peu moins de 50 millions d'hectares de terres arables, soit 3 % des terres arables mondiales. Si l'on veut augmenter la production de biocarburants, cela passera nécessairement par une expansion des terres agricoles nécessaires à leur production – le potentiel pour cette expansion étant limité, d'une part par nos besoins alimentaires, qui vont augmenter avec la croissance démographique, d'autre part par les surfaces disponibles sans mordre sur des écosystèmes naturels. Dans tous les cas, le potentiel en termes de volume avec les technologies actuelles est limité : si l'on affectait l'intégralité de la production mondiale d'huile végétale (130 millions de tonnes par an) à la production de biodiesel, on obtiendrait seulement l'équivalent de 5 % de la consommation de pétrole dans les transports.

Pour répondre à nos besoins énergétiques, il faudra dans tous les cas utiliser des ressources qui sont en quantité finie, que ce soient les énergies fossiles ou les terres agricoles. La première priorité doit donc être de réduire nos besoins en énergie, par le biais de politiques d'efficacité énergétique* par exemple. La deuxième chose à examiner est la meilleure allocation que nous pouvons faire de nos ressources pour la production d'énergie. Dans le cas des terres arables, la production d'énergie peut se faire de différentes manières : production de bois pour alimenter des réseaux de chaleur, culture de biocarburants, voire installation de panneaux solaires. Des études tendent à montrer que c'est le troisième usage qui produit la plus grande quantité d'énergie à l'hectare ! Il faut bien sûr prendre en compte d'autres facteurs, comme le fait que l'électricité produite par les panneaux solaires est plus difficile à stocker. Les prochaines générations de biocarburants, produits à partir de bois, de paille ou d'algues, pourront peut-être permettre une efficacité accrue en terme de rendement à l'hectare, ou d'utiliser des terres non agricoles. Cependant, même dans les scénarios les plus optimistes, les biocarburants ne seront pas suffisants pour remplacer le pétrole.

agricoles – colza, canne à sucre, maïs, betterave... qui, une fois plantées, donnent une nouvelle récolte chaque année. Par ailleurs, il existe des biocarburants substituts de l'essence (l'éthanol, produit à partir de céréales comme le blé ou le maïs, ou de plantes sucrières comme la betterave ou la canne à sucre), et d'autres qui se substituent au gazole (le biodiesel, produit principalement à partir de plantes qui produisent de l'huile, comme le colza, le tournesol ou le palmier à huile). De nombreux pays se sont lancés dans la production de biocarburants à grande échelle, les principaux producteurs aujourd'hui étant le Brésil, les États-Unis, et l'Union européenne.

À l'échelle mondiale, la production de biocarburants a été d'environ 60 millions de tep (tonnes équivalent pétrole) en 2013.

Cela représente 6 fois la production de l'année 2000 (10 millions de tep) : les biocarburants ont connu un véritable boom ces dernières années. Cependant, comparons à présent la production mondiale de biocarburants à la consommation de pétrole pour le transport sur la planète : elle est de plus de 2 milliards de tep, soit environ 40 fois plus. La production actuelle mondiale de biocarburants représente donc seulement 2,5 % de la consommation mondiale de pétrole pour le transport. Cela représente certes une diminution du pétrole nécessaire au transport, mais une diminution très modeste.

Ariane de Dominicis

« On coupe la forêt amazonienne pour produire des biocarburants. »

Chaque minute, l'équivalent de 50 terrains de football de forêt sont détruits dans le monde.

World ressource Institute, 2013

La production de la plupart des biocarburants utilisés aujourd'hui nécessite des terres agricoles. Or, dans certains pays en développement, des terres potentiellement cultivables sont disponibles sous de vastes étendues de forêt tropicale, et la frontière entre agriculture et forêt ne cesse d'être repoussée. Les biocarburants sont parfois désignés comme l'une des causes de cette déforestation : leur culture viendrait remplacer des zones précédemment boisées. Y a-t-il vraiment un intérêt à utiliser des biocarburants si l'on émet d'un côté, par la destruction de la forêt, les gaz à effet de serre* qu'on économise de l'autre côté, par la modification du système énergétique ?

La déforestation est l'une des premières causes d'émissions de gaz à effet de serre et de perte de biodiversité* dans le monde, et on estime qu'en zone tropicale 80 % de cette déforestation est due à l'agriculture – les 20 % restants concernant l'exploitation du bois. On coupe la forêt pour planter de larges espaces de culture commerciale, pour faire paître les bêtes, ou pour de l'agriculture de subsistance, souvent accompagnée d'utilisation du bois pour la cuisine. Dans de nombreux cas, ceux qui déforestent pour l'agriculture commerciale ne prennent pas la peine d'exploiter et de valoriser le bois sur pied (c'est-à-dire le bois commercialisable qui sera coupé lors de la conversion en terre agricole), et pratiquent la « culture sur brûlis » après avoir incendié les espaces de forêt. Les causes de la déforestation varient selon les régions : Haïti a perdu quasiment toutes ses forêts pour la fourniture de bois de chauffage à la population ; en Amérique centrale c'est en général l'élevage qui mord sur les forêts primaires. Mais bien souvent, c'est un ensemble complexe de causes qui conduit à la déforestation, et non pas un facteur unique.

Quelle qu'en soit la cause, la destruction des forêts tropicales a un effet catastrophique sur l'atmosphère. Une forêt accumule du carbone par photosynthèse dans les troncs, les branches et les racines des arbres, mais aussi dans le sol grâce à l'accumulation de l'humus, pendant des dizaines voire des centaines d'années. Ce stock de carbone retourne d'un seul coup à l'atmosphère lorsque la forêt est détruite : on estime que 10 à 15 % des émissions mondiales de gaz à effet de serre sont dues à la déforestation en zone tropicale. Les impacts sur la biodiversité, les écosystèmes et la ressource en eau sont également très néfastes. Quelle est la part des biocarburants dans ce constat ?

Au Brésil, le bioethanol est produit à partir de canne à sucre, qui pousse dans des immenses exploitations agricoles au centre du Brésil – principalement dans la région de Saõ Paulo. Tout cela se passe bien loin de la forêt amazonienne : ce sont principalement la production de soja et celle de bœuf qui poussent à la déforestation de cette zone. La faible quantité de biodiesel que le Brésil produit à partir de soja a donc beaucoup plus de chance de provenir directement de la destruction de la forêt amazonienne que les milliards de litres de bioethanol présents dans toutes les stations service ! En réalité, les exploitations de canne à sucre s'étendent davantage du côté du Cerrado, un écosystème entre prairie et forêt, moins célèbre mais qui est pourtant la savane qui regroupe le plus de biodiversité au monde. L'opinion publique mondiale, et notamment européenne, s'étant émue du sort du Cerrado, le Brésil a commencé à mettre en place des mesures pour en protéger les zones les plus vulnérables et riches en biodiversité.

Dans d'autres régions du monde, l'expansion des cultures qui permettront de produire des biocarburants est beaucoup plus proche des forêts tropicales. En Indonésie, par exemple, les plantations d'huile de palme mordent directement sur des zones de forêt tropicale. Ces forêts poussent souvent sur des tourbières, qui sont des sols humides tellement riches en carbone que leur drainage, indispensable pour permettre les cultures de palmier à huile, entraîne des émissions massives de gaz à effet de serre pendant plusieurs dizaines, voire centaines d'années. Si la grande majorité de l'huile produit va à l'alimentation (chocolat, céréales...) et autres produits cosmétiques, elle est également utilisée pour produire du biodiesel. Or que se passe-t-il du point de vue climatique lorsque l'on cultive des biocarburants, aux émissions de gaz à effet de serre plus faibles que l'essence, sur de tels écosystèmes ? La balance s'inverse : les émissions dues à la destruction de la forêt sont telles qu'au total la production de biocarburants est très négative pour le climat.

Lorsque l'on modifie d'autres types de milieux naturels, comme des prairies, pour produire des biocarburants, le bilan est plus contrasté. Dans certains cas, les prairies ont un sol pauvre en carbone (en général parce qu'il est sec et érodé) et avec peu de biodiversité. La conversion de telles prairies en culture de biocarburants est en général positive pour le climat lorsqu'on fait un « bilan carbone » global incluant les réductions d'émissions des biocarburants. Dans d'autres cas, les prairies ont des sols riches en matières organiques, et donc en carbone : lorsqu'on les laboure pour la production agricole, une grande partie de ce carbone retourne à l'atmosphère, et on retrouve le même problème que pour les forêts. La biodiversité peut aussi être très importante dans des écosystèmes de type prairie ou savane, même si elle sera différente de celle qu'on trouve en forêt.

Un groupe de chercheurs américains, menés par Joseph Fargione de l'ONG « The Nature Conservancy », a développé le concept intéressant de « dette carbone ». Lorsque l'on détruit un écosystème riche en carbone pour la production de biocarburants, on génère une quantité importante d'émissions de dioxyde de carbone (la « dette »), qui sera « remboursée » par les bénéfices des biocarburants sur le climat, année après année. La durée de ce remboursement sera égale au nombre d'années nécessaires pour que les bénéfices climatiques des biocarburants viennent compenser la libération de CO_2 lors de la conversion des terres. Les résultats sont particulièrement parlants : d'après ces chercheurs, le remboursement de la dette carbone prendrait 17 ans dans le cas de canne à sucre cultivée dans le Cerrado brésilien, 93 ans pour du maïs cultivé sur des prairies du centre des États-Unis, 86 ans pour l'huile de palme dans les forêts tropicales d'Asie du Sud-Est, ce chiffre montant à entre 400 et 800 ans si la forêt est située sur des tourbières, et 320 ans pour du biodiesel de soja produit dans la forêt amazonienne. Autant dire qu'à part peut-être le cas du Cerrado, les chances sont quasi-nulles pour que cette dette soit remboursée dans la pratique – et même si elle l'était, l'urgence de la lutte contre le changement climatique ne permet pas d'attendre plusieurs décennies pour obtenir des résultats.

Les pays consommateurs de biocarburants se retrouvent donc dans une situation délicate où certains des biocarburants qu'ils utilisent risquent d'être plus néfastes que bénéfiques pour l'atmosphère, et l'environnement en général. C'est pour cette raison que l'Union européenne a mis en place des critères dits de « durabilité » qui interdisent, pour la production de biocarburants consommés en Europe, d'utiliser des matières premières agricoles produites dans certaines zones particulièrement riches en carbone comme les forêts ou les zones humides. Il s'agit en quelque sorte d'un standard de qualité. Un certain nombre de standards « privés », développés par des groupes rassemblant ONG, producteurs et industriels, sont également apparu. Ils sont en général liés à un type de culture (par exemple l'huile de palme ou le soja) ou à une région, et visent à faire disparaître l'image négative liée à ces cultures en garantissant le respect d'un certain nombre de critères au cours de la production : les producteurs qui remplissent ces critères reçoivent un label attestant de leurs bonnes pratiques. Ces critères incluent en général l'absence de déforestation. Le danger est alors que ces standards créent des « îlots » de durabilité, et que toutes les cultures « propres » aillent vers les biocarburants européens et les labels, qui sont encore une goutte d'eau par rapport à la production mondiale, alors que d'autres produits, comme l'huile de palme des gels douche ou des barres chocolatées, ne sont pas réglementés proviennent de cultures issues de la déforestation. En 2015, l'Union européenne a adopté des mesures supplémentaires qui visent à modérer ces impacts, notamment en limitant la quantité de biocarburants produits à partir de cultures alimentaires.

Prendre en compte les effets de la production de biocarburants sur la conversion de milieux naturels est donc essentiel pour que les réductions de gaz à effet de serre d'un côté ne soient pas annulées par des émissions massives de l'autre. Il faut cependant garder à l'esprit que, même si l'on trouve des moyens pour limiter les effets directs des biocarburants sur la déforestation, il reste les effets indirects, beaucoup plus complexes et difficiles à appréhender : les biocarburants produits sur des terres agricoles peuvent remplacer des cultures alimentaires qui seront, quant à elles, repoussées vers les frontières d'expansion agricoles – avec des effets possibles sur la destruction d'écosystèmes.

Ariane de Dominicis

« Il n'y a pas assez de terres agricoles pour produire des biocarburants et nourrir la planète. »

C'est un crime contre l'humanité de convertir un sol productif pour l'alimentation en terre à produire du biocarburant.

Jean Ziegler, rapporteur spécial de l'ONU sur le droit à l'alimentation, octobre 2007

Avec l'augmentation de la population mondiale et la généralisation de régimes alimentaires plus riches en viande dans les pays émergents, la production alimentaire va devoir augmenter fortement – certains experts estiment qu'elle devra doubler entre aujourd'hui et 2030. Pour loger cette production supplémentaire, il faudra des terres agricoles. Ces dernières représentent aujourd'hui environ 1 600 millions d'hectares, soit 16 % de la surface de notre planète. Plus de la moitié de ces terres sont occupées par la production de céréales, et un peu moins de 3 % par les biocarburants. Que se passera-t-il lorsqu'il faudra étendre cette surface ?

Y aura-t-il la place à la fois pour répondre à une demande alimentaire grandissante et pour produire des biocarburants ?

Historiquement, la surface agricole n'a pas été proportionnelle à la production alimentaire, grâce à l'augmentation régulière des rendements à l'hectare. Le rendement moyen des céréales a ainsi doublé entre 1960 et 2006. Pendant la révolution verte, entre la fin de la Seconde Guerre mondiale et la fin des années 1970, certains pays en développement comme l'Inde ont connu un véritable bond technologique grâce notamment à l'amélioration des variétés cultivées.

On peut s'attendre à ce que ces améliorations de rendement poursuivent à l'échelle mondiale. Au niveau régional, elles cachent cependant des disparités importantes : en Europe de l'Ouest, le rendement des céréales augmente de plus en plus faiblement, alors que celui de la betterave dans l'est de l'Europe a connu une progression très rapide. En Afrique sub-saharienne, les rendements n'augmentent quasiment pas, faute d'investissements adéquats, et ce depuis des décennies, alors qu'en Afrique du Nord, et notamment en Égypte, l'irrigation permet d'obtenir des résultats très intéressants (souvent au détriment de la ressource en eau). Au Brésil, les rendement de la canne à sucre ont connu une forte augmentation avec la politique de promotion de l'éthanol, mais dans d'autres parties du monde ces rendements diminuent. Toute la question est donc de savoir dans quelle mesure les rendements pourront augmenter dans les décennies à venir, permettant de produire davantage sur une surface moins importante.

La croissance d'une plante est le résultat de la conversion d'énergie solaire en matière organique par le biais de la photosynthèse. Pour augmenter les rendements, il faut donc augmenter l'efficacité de cette conversion. On peut alors adopter plusieurs stratégies, parfois combinées. La première est appelée sélection variétale : il s'agit de modifier, par sélections successives, une espèce végétale pour l'adapter à un usage agricole. Cette stratégie existe depuis des millénaires, comme l'a expliqué le biologiste évolutionniste Jared Diamond : c'est celle qu'ont sélectionné les premiers agriculteurs en choisissant des plants de céréales présentant une mutation qui les empêchait de répandre leurs graines à maturation, ce qui était une manière pour la plante de se reproduire mais présentait des problèmes évidents pour les récoltes. Plus récemment, on a développé des variétés pour leur résistance aux maladies, leurs qualités nutritionnelles, et bien sûr leur productivité. La deuxième stratégie consiste en un apport d'intrants*, comme les engrais ou les produits phytosanitaires*, ou encore l'irrigation dans les régions ou les précipitations ne sont pas suffisantes. Enfin, l'utilisation de techniques de culture particulières comme certaines rotations entre plantes permettent d'améliorer les rendements. Et les organismes génétiquement modifiés (OGM) ? Produits souvent pour améliorer la résistance aux maladies et aux ravageurs, ils n'ont qu'un impact marginal sur la productivité.

Un autre potentiel à ne pas négliger est celui de l'amélioration de rendement des pâturages, en augmentant le nombre de bêtes par hectare. Ce potentiel est surtout présent en Afrique ou en Amérique latine, où l'élevage extensif domine : une étude a estimé que si les prairies brésiliennes avaient toutes le même rendement que celles de la région de Saõ Paulo, on libérerait 50 à 70 millions d'hectares.

La question des rendements futurs est cruciale, et sujette à de nombreux débats entre experts. Assistera-t-on à une nouvelle révolution verte, ou au contraire les aléas du changement climatique mèneront-ils à une stagnation des rendements agricoles ? Difficile de trancher, mais une chose est certaine : les améliorations de rendement ne se feront pas sans des investissements massifs du secteur public dans la recherche et développement, et dans les infrastructures. Certes, les agriculteurs sont des agents économiques qui répondent à une augmentation des prix en rationalisant leurs méthodes, ce qui peut entraîner une production plus élevée à l'hectare. Mais sans les investissements de fond nécessaires ces évolutions seront très marginales. L'amélioration significative des rendements ne se fera pas par les simples forces du marché !

Même avec des augmentations de productivité significatives, il faudra des terres supplémentaires pour nourrir la population mondiale et produire des biocarburants. Entre 1990 et 2008, l'augmentation des terres agricoles mondiales a été de 34 millions d'hectare, mais pour la décennie à venir, on estime qu'il faudrait de 200 à 500 millions d'hectares supplémentaires rien que pour les besoins alimentaires de la planète, auxquels viennent s'ajouter les terres nécessaires aux biocarburants – de 50 à 200 millions d'hectares suivant les estimations.

Notre terre compte-t-elle suffisamment de terres de qualité suffisante pour relever ce défi ? La réponse est oui, sans aucun doute. Le seul problème est la localisation de ces terres : une grande partie d'entre elles sont situées sous des forêts, ou des écosystèmes de grande valeur. Leur destruction implique des conséquences catastrophiques pour le climat, la biodiversité* et les ressources en eau.

Si l'on veut épargner les écosystèmes, il existe encore un certain nombre de terres qui pourraient accueillir des cultures sans que leur conversion ne représente un dommage écologique trop important. Dans l'ex-Union Soviétique, près de 23 millions d'hectares de terres arables ont été abandonnées depuis les années 1990, et une partie de cette surface pourrait être remise en culture sans impact trop important sur les écosystèmes (la plus grande partie de ces terres se trouvent sur les territoires actuels de la Russie, de l'Ukraine et du Kazakhstan). En Inde, près de 60 millions d'hectares seraient potentiellement disponibles pour l'agriculture ; en Afrique c'est plus du double qui pourrait être mis en culture. Les terres dites « marginales », n'ayant pas d'autre usage agricole (même si elles sont souvent utilisées par les populations locales par exemple pour faire paître les bêtes) peuvent en théorie être utilisées pour l'agriculture, même si cela implique en général d'utiliser de fortes quantités d'intrants (en particulier les engrais) et l'irrigation, ce qui peut avoir des conséquences environnementales importantes, par exemple sur les ressources en eau. Les conséquences sociales sont également difficiles à évaluer, mais peuvent être significatives si les populations locales sont privées des usages de ces terres – et donc, suivant les cas, de pâture, d'accès à l'eau ou à la cueillette par exemple.

Alors pourquoi les fronts d'expansion des terres arables se situent-ils aujourd'hui davantage près des forêts tropicales indonésienne et brésilienne que sur les anciens champs ukrainiens ou dans les vastes prairies angolaises ? Une multitude de raisons sont à prendre en

Répartition de l'usage des terres sur la planète

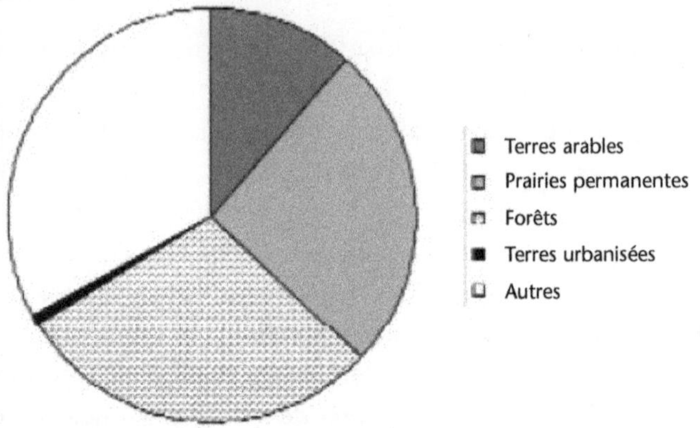

source : FAO

compte. La première est la productivité de ces terres : on abandonne en premier les terres agricoles les moins productives, et les terres dites « marginales » sont souvent celles qui produisent le moins, par exemple parce qu'elles sont érodées ou trop sèches. La stabilité du pays est également un facteur important : une grande partie des terres agricoles disponibles sur la planète se trouve en Angola, au Soudan et en République démocratique du Congo. Autre facteur : la disponibilité des investissements pour de nouvelles cultures, qui peut être une question importante, est parfois facilité par la vente du bois de la déforestation. Par ailleurs, si certaines régions comptent de grandes étendues utilisables, d'autres, comme l'Asie du Sud-Est ou l'Afrique du Nord, ont utilisé presque toutes les terres disponibles, et la pression de la population pèse directement sur la protection des écosystèmes. Enfin, la distribution de la ressource en eau n'est pas la même que celle des terres et peut représenter un obstacle important pour la mise en culture de certaines régions.

De même que les rendements agricoles n'augmenteront pas suffisamment par les seules forces du marché, il ne faut donc pas compter sur la bonne volonté des agriculteurs pour que l'expansion des terres arables ne se fasse pas au détriment des écosystèmes.

Il y a donc suffisamment de terres disponibles pour nourrir la planète et produire des biocarburants dans les prochaines décennies – à condition d'être prêt à accepter la destruction de millions d'hectares de forêt. Dans le cas contraire, la situation est beaucoup plus incertaine, et dépend d'un grand nombre de facteurs : combien de biocarburants veut-on produire, et de quel type ? Y aura-t-il une volonté politique pour permettre les investissements nécessaires dans l'augmentation des rendements, et pour mettre en culture uniquement les terres appropriées ? Autant de questions qui suggèrent qu'un développement à grande échelle des biocarburants sans garde-fous ne fera qu'accroître une pression déjà forte sur les terres agricoles.

Ariane de Dominicis

« On pourrait très bien se passer des pesticides. »

De 1950 à 1990, les produits phytosanitaires, dont l'usage s'est constamment développé, ont permis aux autres facteurs de progrès de l'agriculture (mécanisation, génétique, fertilisation) de donner leur pleine mesure pour améliorer les rendements mais aussi la qualité des produits agricoles.

Jean Thiault, membre de l'Académie d'agriculture de France

Bien avant la pollution de l'air et les antennes-relais, les produits de protection des plantes (phytosanitaires* et phytopharmaceutiques, ou « pesticides » dans le langage courant) ont mis sur le devant de la scène les questions de santé-environnement. Mais les réduire aux risques qu'ils constituent reviendrait à oublier à quoi ils servent et comment ils sont utilisés.

Le terme « pesticide » est utilisé pour décrire les produits de protection des cultures (insecticides, fongicides, herbicides) utilisés contre les insectes ravageurs des plantes, leurs parasites et les mauvaises herbes. Malgré leur utilisation inégale sur la planète, ils diminuent de moitié les pertes de récolte dues aux ennemis des cultures : on atteint grâce à eux 70 % des rendements possibles, contre 40 % si l'on ne faisait rien (E.-C. Oerke et H.-W. Dehne, « Safeguarding production. Losses in major crops and the role of protection », *Crop Protection*, 2004, vol. 23, pp. 275-285). C'est pourquoi l'Homme a très tôt développé des stratégies, Homère recommandant par exemple vers l'an 1000 av. J.-C. d'utiliser le soufre en fumigation contre la gale. Contre les mauvaises herbes, les paysans ont longtemps sarclé et biné à la main, avant que les herbicides de synthèse ne les dispensent de ce travail pénible.

Depuis l'époque de la lutte chimique à tout-va et la publication en 1962 du livre de Rachel Carson, *Printemps Silencieux*, les stratégies de lutte sont devenues plus sophistiquées et raisonnées, ne serait-ce que pour éviter le développement des résistances. L'arsénite de sodium, dérivé de l'arsenic, a disparu des substances autorisées en 2003. Les normes de mise sur le marché sont devenues plus exigeantes et harmonisées à l'échelle européenne, alors que la situation des résidus de pesticides dans les aliments s'améliore. Le nombre d'échantillons utilisés qui soient conformes à la réglementation reste en effet stable autour de 96 % alors que le nombre de produits phytopharmaceutiques contrôlés a été multiplié par 2 en 10 ans et que la sensibilité des méthodes de détection ne cesse de s'améliorer. Les 4 % de produits hors-normes ne sont pas automatiquement dangereux pour autant, puisque le seuil réglementaire est calculé avec de larges marges de sécurité (Union des industries de la protection des plantes, « Rapport EFSA "Résidus de pesticides dans les aliments" », juillet 2009 ; UIPP, « Rapport Commission européenne (DG SANCO) "Résidus de pesticides dans les aliments" », novembre 2008).

Les produits phytopharmaceutiques modernes sont conçus pour présenter trois caractéristiques : ils doivent être sûrs, ils doivent être spécifiques de leurs cibles et ils ne doivent pas persister dans l'environnement (courte durée de vie, de l'ordre de 2 à 4 mois, contre 3 ans pour le DDT). Ils sont développés de plus en plus à l'aide d'outils de modélisation pour mieux prévoir l'activité de chaque substance et ses effets indésirables. Ils sont accompagnés d'adjuvants qui permettent de diminuer les doses employées et d'améliorer la sécurité. Ainsi, les volumes utilisés en France depuis le début des années 2000 ont diminué de presque 40 % alors que la surface agricole utile n'a quasiment pas évolué et que les rendements de céréales ont continué à augmenter. Quand on se ramène à l'hectare cultivé, la France se situe en outre près de la moyenne européenne pour sa consommation de pesticides (ministère de l'Agriculture et de la Pêche, « La réduction des usages de pesticides : le plan Ecophyto 2018 », *Analyse*, n° 4, février 2009).

Les produits phytopharmaceutiques en question

Les produits phytopharmaceutiques concernent notre alimentation et potentiellement notre santé ; ils constituent donc un sujet « sensible ». Ces dernières années, les mobilisations autour des questions de santé-environnement et de sécurité sanitaire des aliments sont ainsi montées en puissance. Le Grenelle de l'environnement a montré que des discussions étaient possibles et qu'une stratégie d'action à moyen terme était atteignable en dépit des divergences de vues et de priorités. Parmi les interrogations qui reviennent le plus fréquemment, on peut en effet noter celles-ci :

– Si les tonnages utilisés diminuent mais les substances deviennent plus actives, et donc potentiellement « plus dangereuses », quel est le bénéfice en termes de risques sanitaires ?

– On voit parfois des avions et des hélicoptères pulvériser les produits phytopharmaceutiques : est-ce vraiment bénéfique pour l'environnement ?

– On parle de plus en plus d'effets toxiques des pesticides, en particulier sur la santé des agriculteurs : faut-il s'en inquiéter ?

– L'effet des résidus présents dans notre alimentation et de l'exposition à des cocktails de molécules à faibles doses est-il bien connu ?

– Interdire le purin d'ortie n'est-il pas une manière pour les industriels de conserver la mainmise sur le secteur économique florissant des produits phytopharmaceutiques de synthèse ?

En réponse à ces différentes interrogations, notons que la baisse des tonnages utilisés en France s'inscrit dans un contexte particulier : au durcissement des procédures d'homologation s'est ajouté, à la fin des années 2000, le plan Ecophyto 2018 qui prévoyait la réduction de l'utilisation des produits phytopharmaceutiques de 50 % en 10 ans et le retrait des 40 substances phytopharmaceutiques les plus préoccupantes avant la fin 2010. Afin de mieux mesurer la situation, ce plan s'est appuyé sur un nouvel indicateur, le nombre de doses unités (NODU), qui rapporte la quantité de chaque substance active à une dose « unité » qui lui est propre. Entre 2000 et 2006, le

NODU a effectivement baissé de 7 % (ministère de l'Agriculture et de la Pêche, « La réduction des usages de pesticides : le plan Ecophyto 2018 », *Analyse*, n° 4, février 2009). Il est toutefois remonté de plusieurs pourcents par an les années suivantes, passant de 76 à 88 millions d'hectares entre 2008 et 2013.

Par ailleurs, depuis un arrêté du 5 mars 2004, l'épandage aérien de produits phytopharmaceutiques est strictement encadré et concerne en pratique seulement 1 % des surfaces cultivées sur l'ensemble du territoire. Le plan Ecophyto 2018 interdit désormais l'épandage aérien des produits phytopharmaceutiques, sauf dérogations. Cette disposition est présente dans la loi du 3 août 2009 de programmation relative à la mise en œuvre du Grenelle de l'environnement. En outre, les pulvérisateurs standards s'équipent de buses sophistiquées qui permettent de limiter la dérive de pulvérisation, notamment en bordure des cours d'eau.

S'agissant de la toxicité et de la nocivité d'une éventuelle combinaison des produits, l'expertise collective sur les pesticides a mis en évidence chez l'animal « des effets cancérigènes, neurotoxiques ou de type perturbateurs endocriniens des pesticides [...]. La question des risques pour l'homme (applicateurs de pesticides et leur famille, ruraux non agricoles exposés, consommateurs) est donc posée. Elle fait l'objet de vives controverses, mais elle est inscrite comme une priorité dans tous les rapports et les plans santé-environnement. » Les agriculteurs sont exposés à des risques professionnels particuliers (chimiques, physiques et biologiques) et l'enquête épidémiologique Agrican, menée notamment par la Mutualité sociale agricole, a permis de préciser l'incidence des cancers et le rôle des facteurs de risques dans cette population. Concernant les effets croisés de molécules, rien ne permet de penser aujourd'hui qu'ils entraînent un risque supérieur à celui de chaque produit. En outre, la dose journalière admissible (DJA) est calculée pour être 100 fois inférieure à la dose sans effet, afin d'assurer la meilleur sécurité possible au consommateur (Inra et Cemagref, « Pesticides, agriculture et environnement. Réduire l'utilisation des pesticides et limiter leurs impacts environnementaux », 2005).

Enfin, la loi du 3 août 2009 de programmation relative à la mise en œuvre du Grenelle de l'environnement prévoit de « réduire de moitié les usages des produits phytopharmaceutiques et des biocides en dix ans en accélérant la diffusion de méthodes alternatives, sous réserve de leur mise au point, et en facilitant les procédures d'autorisation de mise sur le marché des préparations naturelles peu préoccupantes. » Ces méthodes alternatives, comme les stimulateurs des défenses naturelles des plantes, les préparations naturelles (purin d'ortie) ou les insectes auxiliaires (coccinelle…) se développent actuellement. L'industrie phytosanitaire ne fait donc pas la loi dans ce domaine.

Le futur de la protection des cultures

L'ensemble des professionnels auditionnés en 2009 par la commission de l'Assemblée nationale créée à cet effet ont estimé que l'objectif fixé par le Grenelle de l'environnement était globalement réalisable. Il risque, certes, d'entraîner un surcoût encore difficile à évaluer, mais acceptable pour eux dans la conjoncture actuelle de prix élevés des produits agricoles (Commission des affaires économiques, de l'environnement et du territoire de l'Assemblée nationale, « Rapport d'information sur les pesticides », 2009). S'agissant des consommateurs, certaines enquêtes d'opinion semblent montrer qu'ils sont prêts à supporter ce surcoût à condition d'avoir de nouvelles garanties sur l'utilisation des pesticides. Dans le détail, il faut cependant être attentif à ne pas retirer du marché des produits pour lesquels il n'existe pas de produits de substitution, afin de ne pas précipiter certains agriculteurs dans des impasses agronomiques qui risqueraient d'être contre-productives. Sachant qu'à l'étranger, les mêmes restrictions ne s'appliqueront peut-être pas…

Ceci ne sera possible qu'avec la mise en place d'une expertise scientifique indépendante sur les interactions entre pratiques agricoles, impacts sanitaires et environnementaux et un soutien au développement de la R&D sur la recherche variétale, sur les substitutions aux produits chimiques (phytopharmaceutiques) et sur les nouvelles pratiques culturales (recherche appliquée). 72 % des agriculteurs pensent que ce plan ne pourra s'appliquer sans une politique de soutien et d'accompagnement des agriculteurs par l'ensemble de la filière amont (fabricants de produits phytopharmaceutiques eux-mêmes, distributeurs, prescripteurs techniques)... ni surtout sans actions visant à impliquer la filière aval (acheteurs de matières premières et industrie agro-alimentaire) (BVA, « Plan Ecophyto : perception des agriculteurs français »). C'est donc toute la profession et la filière qui doivent se mobiliser.

Après le Danemark, la France est le second pays européen à engager un plan aussi ambitieux de réduction des pesticides. Lancé en 1986, le plan d'action danois est actuellement dans sa troisième phase et les objectifs se révèlent plus difficiles à atteindre que prévu. C'est une leçon d'humilité intéressante pour la France, d'autant que le contexte agricole de ce pays est assez différent de celui de la France (ministère de l'Agriculture et de la Pêche, « La réduction des usages de pesticides : le plan Ecophyto 2018 », *Analyse*, n° 4, février 2009). La route est longue et les années à venir risquent d'être encore chargées. Ce qui est sûr, c'est que la disparition totale des pesticides de synthèse réclamée par certaines associations écologistes n'est pas pour demain, ni même réaliste. Offrant un démenti à des propos sur l'agriculture biologique faussement attribués à la FAO (mai 2007), son ex-directeur général Jacques Diouf a indiqué que « compte tenu des données et des modèles concernant la productivité de l'agriculture biologique par comparaison à l'agriculture traditionnelle, le potentiel de l'agriculture biologique n'est pas suffisant, loin s'en faut, pour nourrir le monde » (FAO, « L'agriculture biologique peut contribuer à la lutte contre la faim », 2007) .

Richard-Emmanuel Eastes

« L’agriculture raisonnée est le bio du pauvre. »

L’agriculture raisonnée [est] un cheminement vers la transformation. Elle regroupe un ensemble de pratiques porteuses d’avenir mais vraisemblablement insuffisantes dans certaines régions pour être une solution définitive. Avec son grand panorama de pratiques, elle est un outil d’évolution.

Michel Griffon, agronome

Pour répondre au besoin de plus d’écologie et de « naturel » tout en produisant autant, voire davantage, les agronomes et les agriculteurs formalisent des façons de faire qui s’inscrivent dans l’agriculture raisonnée et ses variantes. Ce qui est en jeu, c’est bien la construction de l’agriculture du futur…

L’agriculture raisonnée est une démarche globale de gestion de l’exploitation qui vise, au-delà du respect de la réglementation, à renforcer les impacts positifs des pratiques agricoles sur l’environnement et à en réduire les effets négatifs, sans remettre en cause la rentabilité économique des exploitations.

Elle est encadrée par le Code rural depuis 2001 et s’appuie sur un référentiel national ; ce dernier comporte 103 exigences qui s’articulent autour des thèmes suivants :

– connaissance de l’exploitation et de son environnement,
– traçabilité des pratiques,
– santé et sécurité au travail,
– gestion des sols et fertilisation,
– protection des cultures,
– irrigation,
– santé, alimentation et bien-être des animaux,
– hygiène,

– gestion des déchets de l'exploitation,
– paysages et biodiversité*.

Environ 0,5 % des exploitations françaises (2 840 en 2009) sont qualifiées en agriculture raisonnée. En dehors du département de l'Aude, elles se répartissent surtout dans la moitié nord du pays, et particulièrement dans les départements de l'Oise, de l'Eure-et-Loir et de Seine-et-Marne, c'est-à-dire essentiellement dans des régions de grande culture (céréales, colza, betteraves et légumineuses*) qui tentent de progresser dans leurs pratiques agricoles et par rapport à l'environnement.

Les limites de l'agriculture raisonnée

Le référentiel de l'agriculture raisonnée est un compromis élaboré entre les ministères chargés de l'agriculture et de l'environnement, le monde agricole (syndicats, organismes de développement, coopération, négoce), de la transformation, de la distribution, et les associations environnementales et de consommateurs. La qualification est décidée par un organisme certificateur après audit de l'exploitation, lui-même contrôlé par le Comité français d'accréditation et la Commission nationale de l'agriculture raisonnée.

Les opposants à l'agriculture raisonnée lui reprochent de ne pas aller assez loin dans les limitations (les pratiques exigées en agriculture raisonnée conduisent à optimiser les quantités de produits phytosanitaires* utilisés mais il n'est établi aucune contrainte supplémentaire). Ils reconnaissent cependant que ce concept peut permettre une plus grande sensibilisation des agriculteurs à l'environnement.

En juin 2003, dans le cadre de la Stratégie nationale du développement durable, le gouvernement français s'était fixé l'objectif de 30 % d'exploitations françaises qualifiées en agriculture raisonnée d'ici 2008. Avec moins d'1 % actuellement, on est loin du compte. Les résultats sont également insuffisants en termes d'efficience environnementale, de lisibilité par le grand public et de production certifiée. D'où une frustration partagée par tous les acteurs du terrain et les consommateurs.

Penser au-delà de l'agriculture raisonnée

C'est en partie pour répondre à ces frustrations que le Grenelle de l'environnement a mis en place en 2008 une démarche de certification environnementale volontaire. Cette certification est graduée selon trois niveaux dont le plus haut est dit de « haute valeur environnementale » (HVE) ; elle est fondée sur un référentiel simple constitué d'indicateurs de résultats sur des aspects purement environnementaux. Un principe de reconnaissance mutuelle permet d'y intégrer progressivement les agriculteurs déjà engagés dans des démarches vertueuses (agriculture raisonnée, agriculture biologique...).

L'agriculture biologique, justement, déjà forte de 26 500 exploitations en France en 2014 (le double de 2007), représente plus de 4 % de la surface agricole utile (SAU). Plutôt que de sanctionner une démarche globale à l'échelle de l'exploitation, elle sanctionne une production et répond à la demande de consommateurs qui souhaitent acheter des produits obtenus sans emploi de produits chimiques de synthèse. Mais elle reste cantonnée à la marge en raison de sa moindre productivité, complétant géographiquement la carte de l'agriculture raisonnée en se concentrant dans les régions d'agriculture de terroir (viticulture, maraîchage, produits transformés...) comme la Drôme, le Gard ou le Gers (Eurostat, « Agriculture biologique », décembre 2009 ; Agreste, « Enquête Structure des exploitations », 2007).

L'agriculture raisonnée, l'agriculture HVE et l'agriculture biologique constituent ainsi les trois démarches de production agricole validées et réglementées par les pouvoirs publics, et apparaissent complémentaires plutôt que concurrentes.

Préparer le futur

Selon les objectifs fixés dans la loi Grenelle 1, la France devait compter en 2012 une moitié d'exploitations engagées dans la certification HVE, dont une petite partie en agriculture biologique, cette dernière devant s'étendre pour représenter 20 % de la SAU en 2020. Dans le même temps, le plan Ecophyto 2018 visait la réduction de moitié de l'utilisation des produits phytosanitaires en 10 ans. Force est toutefois de constater qu'en 2012, seules 24 exploitations bénéficiaient de la certification HVE en France.

Ces efforts difficiles mais ininterrompus visent à rendre l'agriculture plus écologique ou « écologiquement intensive ». En Europe, d'autres concepts émergent pour préfigurer l'agriculture du futur, tels que l'agriculture à haute valeur naturelle (qui fait partie des critères retenus par la Commission européenne pour évaluer le programme de développement rural en cours), l'agriculture intégrée (*integrated farming*, mouvement dont se réclame l'agriculture raisonnée en France et qui s'appuie sur un codex européen), etc. Leur articulation avec le schéma français n'est pas systématiquement claire et on attend toujours des règles communes européennes officielles qui permettront d'éviter les distorsions de concurrence entre les pays membres.

Enfin, Michel Griffon souligne à raison la question des coûts : « Une agriculture écologiquement intensive, plus vertueuse au niveau environnemental, sous-entend que des services seront rendus à la société par les agriculteurs – services qui devront être rémunérés en tant que tels. » On attend des parlementaires français qu'ils s'attellent rapidement à cette réflexion, déjà avancée dans le cadre de la Politique agricole commune (Michel Griffon, « Pour une agriculture écologiquement intensive », 12e Rencontres FARRE : l'agriculture au cœur du débat public, janvier 2009).

Richard-Emmanuel Eastes

« Le bio, c'est bon pour la planète. »

Il dit « Allons, Bianca, prépare les valises, nous repartons.
À la ville au moins, nous trouverons quelques passereaux. »

Dino Buzzati - Les avantages du progrès *in Nous sommes au regret de...*,
publié en Italie en 1975

La plupart des pollutions sont d'origine chimique et l'agriculture d'aujourd'hui utilise des produits chimiques, sa pratique serait donc négative pour l'environnement. À l'opposé, les principes fondateurs de l'agriculture biologique reposent sur le respect des cycles biologiques et sur l'utilisation exclusive de produits d'origine naturelle. De tels fondements laissent alors supposer que les produits biologiques sont naturels et donc bons pour l'environnement. L'agriculture bio répondrait favorablement aux défis environnementaux que sont le maintien de la fertilité des sols, la préservation de la qualité des eaux, l'augmentation de la biodiversité* et la réduction de l'émission de gaz à effet de serre (GES)*.

L'évaluation des performances environnementales de l'agriculture biologique est complexe, tant les composantes de l'environnement sont nombreuses (eau, air, sol, biodiversité, paysage) et les pratiques de production de l'AB diverses. Rappelons d'abord que les produits bio ne sont pas naturels. L'agriculture, depuis qu'elle existe, même « biologique », est une vaste entreprise humaine de création et de maîtrise des milieux. L'homme n'a eu de cesse d'intervenir sur la nature pour la mettre au service de sa survie et de son alimentation.

Plusieurs composantes des pratiques bio ont des effets favorables sur la fertilité des sols. L'apport régulier de composts et fumiers et la présence de légumineuses* fourragères augmentent leur teneur en matière organique et leur fertilité biologique, atténuent leur sensibilité à l'érosion et au tassement qui limite le développement des plantes mais aussi la vie biologique du sol. L'absence de produits phytosanitaires* bénéficie aux vers de terre et à la microfaune (bactéries et micro-organismes) du sol – on pourrait presque dire que l'élevage principal des agriculteurs bio est celui de la faune du sol, qu'il convient d'entretenir et de préserver ! Le respect du sol est au cœur de leurs préoccupations, il est source d'habitats (macro et micro faune) mais aussi source principale de nutriments minéraux pour les plantes. La présence d'élevage sur l'exploitation ou à proximité, non obligatoire mais fréquente, est un bon moyen d'équilibrer les éléments minéraux utiles aux plantes grâce à la valorisation des fumiers et composts mais aussi des engrais verts et légumineuses fixatrices d'azote.

En revanche certaines pratiques autorisées en AB peuvent amener une dégradation de la fertilité des sols : l'action répétée d'outils mécaniques pour désherber (binage et hersage) ou l'apport des fumiers et composts peut, en conditions humides, dégrader le sol. Aussi, les agriculteurs bio cherchent-ils à préserver leur « capital sol » en limitant les passages d'engins sur les parcelles, en supprimant des pratiques telles que le labour, en mettant en place une couverture permanente. De son côté la protection des plantes à base de cuivre, autorisée en AB, peut avoir pour conséquences des problèmes d'accumulation dans les sols, surtout en viticulture et arboriculture où les apports sont très fréquents. Depuis cinq ans, la limitation des doses maximales d'apport de cuivre a entraîné le développement d'une large gamme de produits de bio-contrôle.

La pollution d'origine agricole des eaux de surface et souterraines est largement le fait d'une utilisation excessive des engrais chimiques et des produits phytosanitaires. Les bénéfices de l'AB quant à la qualité des eaux sont donc directement imputables au cahier des charges qui proscrit les produits de synthèse. La protection des cultures est plutôt assurée par l'alternance des cultures au sein de la rotation, le choix d'espèces et de variétés résistantes, la valorisation de l'allélopathie (interactions biochimiques directes ou indirectes entre les plantes et les micro-organismes) et l'usage de divers produits de bio-contrôle. La pollution de l'eau par les nitrates et le phosphore est atténuée par des pratiques moins intensives régulièrement observées en bio et par la forte présence des cultures fourragères qui assurent une bonne couverture du sol. En moyenne, les quantités de nitrates et de phosphore passant dans les eaux par le sol sont significativement plus faibles en AB ce qui a conduit les politiques publiques à inciter les conversions en bio dans des aires d'alimentation de captage en eau de consommation.

Toutefois, l'AB peut aussi provoquer des pollutions par les nitrates et le phosphore : par exemple en cas de retournement des prairies dans les exploitations d'élevage, ou en cas d'utilisation excessive d'effluents organiques, notamment dans les cultures spécialisées telles que le maraîchage de plein champ où les sols ne sont pas couverts une partie de l'année. Ainsi, même d'origine organique, les engrais peuvent conduire à des pollutions s'ils sont mal raisonnés. Certes la protection des sols durant l'automne et l'hiver, périodes où les pluies peuvent être abondantes, est en général assurée en AB par la mise en place d'engrais verts et/ou de cultures, mais la réglementation n'imposant pas ces pratiques, des pollutions restent possibles.

Les travaux de recherche conduits sur la biodiversité montrent souvent l'effet favorable de l'AB sur la diversité des espèces de la faune ou de la flore (plantes, vers de terre, papillons, insectes, oiseaux, micro-organismes du sol) mais aussi sur la diversité des espèces cultivées au sein des exploitations. L'agriculture biologique augmente en moyenne de 30 % la richesse en plantes cultivées ou adventices (souvent dites « mauvaises herbes »), en prédateurs invertébrés et en oiseaux mais aussi de 50 % l'abondance des organismes vivants par rapport à l'agriculture conventionnelle. Ses pratiques vont donc favoriser la diversité d'espèces qui ont décliné durant les dernières décennies sur et autour des parcelles cultivées en raison de la simplification des systèmes de production et de l'utilisation de produits phytosanitaires.

Mais la réglementation bio ne garantit rien en matière de biodiversité, il est possible de rencontrer des exploitations bio très peu diversifiées.

Au-delà de la parcelle agricole, diverses études montrent qu'une mosaïque paysagère – en bio comme en conventionnel – a un effet parfois plus important pour la biodiversité que les pratiques culturales en elles-mêmes, notamment pour les espèces mobiles. Le passage à l'AB aura donc un effet particulièrement positif dans les zones agricoles cultivées comprenant peu d'habitats semi-naturels, haies, bosquets, prairies extensives. Les fermes bio produisent un paysage plus hétérogène et plus diversifié que les exploitations conventionnelles. Cette hétérogénéité est source de nourriture et de refuges pour les animaux et les auxiliaires des cultures.

Et le réchauffement climatique ?

À l'échelle mondiale, l'agriculture contribue au réchauffement climatique par l'émission de 15 à 20 % des gaz à effet de serre. Évidemment l'utilisation directe d'énergies fossiles* dans les bâtiments agricoles et les engins à moteur produit des GES, mais pas seulement. L'élevage contribue à l'émission d'ammoniac (NH_3) et de protoxyde d'azote (N_2O) provenant du stockage et de l'épandage des effluents d'élevage, ainsi qu'à celle de méthane (CH_4) au fort pouvoir réchauffant et produit en grande quantité par les ruminants. Ces émissions sont alors liées à l'intensification de l'exploitation. Les engrais minéraux produits à partir des énergies fossiles (fuel, pétrole, gaz) sont en outre à l'origine d'émissions de NH_3 et de N_2O par volatilisation en cours d'épandage. Enfin certaines pratiques agricoles de gestion des sols comme le retournement d'une prairie ou le labour, images bucoliques de nos paysages ruraux, peuvent produire du gaz carbonique par oxydation des matières organiques.

Ainsi l'agriculture se trouve accusée d'une contribution significative au réchauffement climatique. À l'inverse, elle peut constituer une des solutions proposées pour stocker le gaz carbonique en excès grâce à la séquestration du carbone* dans les sols par la matière organique. De même, elle devient une voie majeure de valorisation des déchets organiques d'origine non agricole, par exemple par la valorisation des composts urbains ou déchets verts dont la contribution aux émissions de GES est croissante.

En bio, l'interdiction des intrants* « non naturels » limite à l'hectare l'utilisation d'énergie indirecte pour la fabrication des engrais et des pesticides, qui compte pour environ 40 % de la consommation d'énergie en agriculture : de 10 à 70 % selon les productions.

Rapportés au produit (litre ou kg), les résultats lui sont moins favorables puisque ses rendements sont en général plus bas. Ils sont aussi plus hétérogènes selon les productions et les niveaux d'intensification. Certaines productions maraîchères (en tunnels ou en plein champ) ou fruitières ont une consommation d'énergie directe importante en raison de désherbages ou de traitements fréquents. En revanche, les produits animaux mais aussi les grandes cultures conduisent en général à une moindre consommation d'énergie par unité de produit. La valeur des résultats est fortement liée au niveau technique des agriculteurs qui joue sur le rapport quantité produite à l'hectare/consommation d'énergie fossile.

Quant à la séquestration du carbone, la forte part de prairies dans les exploitations AB, le non-retournement des cultures par le labour et le maintien de couverts végétaux tout au long de l'année sont des facteurs favorisants. La plus forte présence des légumineuses, la présence régulière d'élevage et donc de fourrages sont aussi des pratiques fréquentes en AB favorisant le stockage de carbone dans les sols. Même si le cahier des charges AB n'induit aucune exigence en la matière, la réglementation pourrait évoluer vers une plus forte obligation de résultats. De son côté, on note que l'agriculture conventionnelle pratique de plus en plus le non-labour, favorable à la séquestration du carbone, ce que cherche à développer l'AB. Ainsi, les résultats obtenus sont déterminés par les pratiques de production et non par le caractère bio ou non bio, ils doivent alors être interprétés avec précaution.

Concernant les émissions de protoxyde d'azote et d'ammoniac, qui proviennent surtout des apports d'engrais, plusieurs études montrent que l'apport d'azote minéral contribue à deux ou trois fois plus d'émissions de protoxyde que les apports d'origine organique. Ainsi, grâce à l'absence d'engrais de synthèse, à l'apport d'une moindre quantité à l'hectare et à une meilleure valorisation des légumineuses, l'AB contribue en moyenne à une diminution des émissions de protoxyde et d'ammoniac.

Les émissions de méthane quant à elles, proviennent de l'élevage des ruminants. Les plus faibles rendements et les régimes alimentaires plus riches en fibres sont les facteurs explicatifs d'un niveau d'émission plus fort en AB par unité de produit et équivalent par ha à l'agriculture conventionnelle. Ce sont surtout les méthodes d'élevage en AB, dont certaines ne sont pas liées au cahier des charges, qui sont responsables des faibles performances en termes d'émission mais aussi de production. En effet, la gestion technique des élevages bio n'est pas aisée pour, d'une part, lutter contre certaines pathologies et, d'autre part, garantir une alimentation équilibrée – notamment pour les productions de porcs et volailles dont la demande en vitamines et minéraux est forte.

Les produits biologiques sont souvent associés à la notion de circuits de proximité rapprochant agriculteurs et consommateurs – plus de la moitié des producteurs bio font de la vente directe un de leurs modes de commercialisation – supposés limiter l'émission de GES. Pourtant les études montrent que l'avantage énergétique n'est pas toujours au produit local, le transport maritime en grandes quantités sur de longues distances coûte parfois moins d'énergie par tonne de produit que le transport en faibles quantités sur de faibles distances, le mode de production du produit importé peut alors être plus économe que celui du produit local. En général, c'est le produit local consommé en saison de production qui a le moindre impact environnemental. Cet effet positif est renforcé par la densification récente de la production bio, ainsi que par la rationalisation logistique des filières de distribution bio à l'œuvre en ce moment.

En conclusion, la non-utilisation d'intrants de synthèse et certaines pratiques agronomiques clés mettent l'agriculture biologique en situation de mieux préserver la qualité des sols et des eaux, de favoriser la biodiversité, et de limiter les émissions de GES. Mais comme la réglementation repose sur une obligation de moyens et non de résultats, et que les pratiques restent diverses, le seul respect des exigences du label AB ne peut garantir à lui seul la préservation ou l'amélioration de l'environnement en toutes circonstances. Par ailleurs une partie de ses performances environnementales ne découlent pas des prescriptions du cahier des charges, mais de pratiques agronomiques non imposées par la réglementation, dont certaines peuvent parfaitement s'inscrire dans une agriculture agro-écologique.

L'AB devra encore progresser notamment en matière de protection des cultures et trouver des alternatives à l'usage des produits utilisés actuellement tels que le cuivre ou le soufre dont l'effet de toxicité a été démontré à fortes concentrations.

L'élévation des rendements en bio améliorera sa performance en matière d'émission de GES à l'unité de produit. Enfin, les comportements d'achat sont susceptibles d'influer directement et significativement sur les bilans environnementaux : les habitudes alimentaires prises par les populations occidentales de consommer des fruits ou des légumes toute l'année quelle que soit la saison locale de production, comportements auxquels n'échappent pas certains consommateurs bio, ne sont guère favorables à la lutte contre le réchauffement climatique.

Christophe David & Michel Guglielmi

« Il faut cesser de manger de la viande. »

Un régime avec moins de viande pourrait réduire les émissions jusqu'à 80 %.

Paul McCartney, Parlement européen, décembre 2009

Les bovins passent leurs journées à mâcher et à transférer au travers de leurs quatre estomacs l'herbe qu'ils ont ingérée. En ruminant ainsi, ils favorisent le travail de milliards de bactéries indispensables à leur digestion. Mais ils deviennent par la même occasion une véritable usine à méthane, massivement rejeté par voie orale. Or, une tonne de méthane dans l'atmosphère a un pouvoir de réchauffement sur cent ans plus de 20 fois supérieur à celui d'une tonne de CO_2. En France, l'ensemble du cheptel bovin en émet des quantités qui contribuent deux fois plus au réchauffement que la totalité des douze raffineries du pays. Dans le monde, l'élevage des ruminants représente un tiers des émissions de gaz à effet de serre* d'origine agricole et la première source d'émissions de méthane liées aux activités humaines.

Il est techniquement difficile et incertain de diminuer ces rejets de méthane. D'abord, impossible de récupérer le gaz sur chaque animal comme on le fait dans les décharges pour le brûler et limiter ainsi son impact sur le climat. Des chercheurs australiens travaillent sur l'injection de molécules chimiques dans le rumen des animaux pour améliorer l'efficacité de leur digestion et réduire les rejets gazeux. On gagnerait 10 % dans le meilleur des cas. Des chercheurs français ont mis au point de nouvelles formules alimentaires, en incorporant par exemple des concentrés de graines de lin susceptibles de réduire ces rejets de 30 %. Mais attention : pour produire plus de concentrés, il faudra retourner des prairies, qui stockent du carbone, ce qui émettra des gaz à effet de serre. Quel sera le bilan final ?

Face à la difficulté bien réelle de réduire les émissions de méthane du côté des éleveurs, une solution radicale consisterait à agir du côté de la demande : et si nous arrêtions de consommer du bœuf ? C'est la recommandation de Paul McCartney, ancien bassiste des Beatles et promoteur d'une campagne « un jour sans consommation de viande » lancée en 2009 avant le sommet de Copenhague sur le climat, qui eut un certain retentissement médiatique, mais… aucun impact détectable sur les chiffres de consommation ! Les comportements alimentaires ne se transforment pas du jour au lendemain : pour la grande majorité des humains, ils sont bien plus le résultat de contraintes économiques que l'expression de choix militants ou éthiques.

L'idée qu'on va rapidement réduire les émissions de gaz à effet de serre en mangeant différemment peut sembler naïve. Elle soulève cependant l'importante question des interactions entre alimentation, agriculture et changements du climat.

Les émissions indirectes résultant d'un repas peuvent varier du simple au décuple suivant les produits achetés et cuisinés. Pour réduire l'intensité carbone d'un repas, on peut privilégier les produits frais aux produits lointains importés en contre-saison, dont le transport est fortement émetteur. On peut également choisir de boire de l'eau de ville, qui n'a pas besoin de plastique pour être embouteillée ni de transport par camion pour être acheminée, plutôt que de l'eau de source. Les aliments surgelés sont aussi à éviter : les maintenir au froid consomme énormément d'énergie. Un levier majeur est, enfin, de réduire la consommation de viande, bovine en particulier. À choisir, mieux vaut consommer des huîtres pour apporter un extra au repas : en stockant du carbone dans leur coquille en grandissant, les coquillages sont en effet des puits de carbone au même titre que les forêts !

Pour orienter les choix individuels, il faut disposer d'informations sur les quantités de gaz à effet de serre émises le long des filières de production et de distribution. Cela a été par exemple en France le rôle de « l'étiquetage environnemental », expérimentation menée entre 2011 et 2012 suite au Grenelle de l'environnement. Un tel étiquetage, qui intégrait notamment des informations sur les émissions de CO_2 des produits, n'a néanmoins pas modifié à lui seul les décisions du plus grand nombre. Deux leviers peuvent en revanche faire varier plus significativement les choix collectifs : l'argument nutritionnel ; celui de la sécurité des approvisionnements.

Dans les pays occidentaux, on mange en moyenne un peu moins de 100 kg de viande par habitant et par an dont 20 de viande bovine en Europe et 30 aux États-Unis. L'enrichissement du modèle alimentaire en produits carnés s'y est opéré à grande allure depuis la Seconde Guerre mondiale avec la montée du niveau de vie. La consommation de viande s'est banalisée et standardisée. Chacun peut le constater en entrant dans le *fastfood* du coin de la rue. Et pour quel bénéfice nutritionnel ? Une alimentation diversifiée avec des féculents, comme le pain et les pommes de terre, associés à des fruits et légumes et, dans une moindre quantité, à des produits animaux (viande, œufs, produits laitiers) apporte de nombreux bénéfices sanitaires. Mais au-delà de certaines quantités ingérées, les diagnostics convergent : trop manger devient pathogène. Surtout quand on abuse de matières grasses saturées comme celles présentes dans la viande rouge. La « surbouffe » et la « malbouffe » sont devenus dans les pays riches l'une des premières causes de morbidité et de mortalité en favorisant les accidents cardio-vasculaires et l'obésité.

Réduire la consommation de viande bovine dans les pays riches, pour ceux qui la surconsomment (ce qui n'est pas encore le cas de l'ensemble des classes sociales), se justifie donc au plan nutritionnel. C'est beaucoup moins évident pour le lait et les produits qui en dérivent. Nouvelle difficulté : en France, 60 % de la viande bovine est issue du cheptel laitier. Les steaks de bœuf vendus sont donc bien souvent de la vache de réforme ! Faut-il aussi limiter les consommations de lait, de yaourts et de fromages au nom de la protection du climat ? C'est un pas difficile à justifier pour l'ensemble de la collectivité, pour qui l'objectif devrait être encore une fois de ne pas surconsommer par rapport à ses besoins.

Le second levier à prendre en considération est la sécurité des approvisionnements alimentaires dans le monde. La production animale exige la mobilisation d'une grande quantité de ressources primaires pour nourrir le bétail. En Europe, elle dépend beaucoup d'aliments protéinés, tels que les tourteaux de soja, dont les trois quarts sont importés ! À la vulnérabilité économique s'ajoutent les impacts écologiques indésirables du développement de ces cultures lorsqu'elles se font aux dépens de la forêt.

De plus, l'enrichissement des classes moyennes dans les pays émergents qui se développent rapidement comme la Chine, l'Inde ou le Brésil provoque des changements alimentaires comparables à ceux observés dans les pays occidentaux dans l'après-guerre : l'accroissement des consommations de produits animaux et en particulier de viandes. Or les produits carnés utilisent beaucoup plus de ressources agricoles que les produits végétaux. Chaque calorie apportée à notre organisme par la viande bovine requiert la production de plus de 10 calories d'origine végétale pour nourrir les animaux ; 5 à 6 suffisent pour le porc et seulement 2 à 2,5 pour le poulet qui est le meilleur convertisseur énergétique. Quand les classes moyennes des pays émergents comme la Chine, soit environ 400 millions de personnes, se mettent à manger de la viande, notamment bovine, cela provoque une pression majeure sur les terres pour fournir l'alimentation du bétail. Où trouver les réserves de production agricole pour faire face ?

La conclusion qui s'impose est assez claire. En matière énergétique, il est aujourd'hui admis que le mode de consommation très dispendieux de l'Occident, notamment celui des États-Unis avec 7,5 tonnes d'équivalent pétrole par an, n'est pas généralisable à l'ensemble de la planète. Il en va de même du régime alimentaire : diffuser dans le monde un modèle où chaque habitant consommerait 100 kg de viande dont environ 30 % en viande bovine n'est tout simplement pas possible compte tenu des ressources agricoles disponibles. Voici une deuxième raison, non plus nutritionnelle mais éthique, de réorienter nos modes alimentaires vers des régimes diversifiés et plus économes en ressource : ce type de modèle est plus compatible avec les contraintes d'approvisionnement alimentaire d'une planète qui comptera demain 9 milliards d'habitants.

La préconisation de McCartney se heurte à un dernier constat : elle ne considère que l'une des deux faces du problème, celle concernant la demande. L'action pour réduire les émissions liées aux produits qui sont dans nos assiettes concerne aussi le volet de l'offre agricole.

L'agriculture est dans le monde la principale source d'émissions des deux principaux gaz à effet de serre hors CO_2 rejetés par les hommes dans l'atmosphère : le protoxyde d'azote, principalement issu de l'épandage des engrais azotés, et le méthane, provenant de l'élevage des ruminants, de la riziculture et du traitement des résidus d'élevage. Les émissions d'origine agricole totalisent un peu moins de 15 % des rejets mondiaux de gaz à effet de serre. En France, premier producteur agricole de l'Union européenne, elles en représentent un cinquième.

Trop souvent, la réduction des émissions est associée à une transition vers une agriculture plus extensive, acceptant des baisses de rendement à l'hectare, au nom des économies d'engrais. La réduction des apports d'engrais, première source d'émission agricole, constitue de fait un levier privilégié, mais à condition de ne pas provoquer de baisse des rendements ou d'augmentation de leur irrégularité. Le monde est en effet dans une situation alimentaire dont la précarité s'est accrue durant la dernière décennie. Toute baisse de rendements risquerait, à surface agricole constante, de s'effectuer au détriment de la sécurité alimentaire. L'alternative serait de trouver de nouveaux hectares à cultiver pour maintenir le niveau des récoltes, au risque d'empiéter un peu plus sur les forêts existantes. Ce qui serait gagné sur les émissions depuis les surfaces initiales risquerait alors d'être perdu par la réduction des surfaces boisées et les changements d'usage des terres.

Ce qu'il faut viser, suivant l'expression de Michel Griffon, c'est une agriculture « écologiquement intensive », autrement dit, une agriculture dans laquelle les agriculteurs font évoluer leurs pratiques vers des systèmes culturaux et d'élevage combinant maintien ou gain de rendement à l'hectare et réduction des rejets de gaz à effet de serre dans l'atmosphère. Les facteurs clefs d'une telle intensification reposent sur les complémentarités entre les composantes du capital naturel : amélioration de l'utilisation de l'eau, sélection génétique, maîtrise des rotations, changement du travail du sol, complémentarité entre productions animales et végétales, etc. Leur mise en œuvre implique un effort majeur de formation et d'information de centaines de millions d'agriculteurs et d'éleveurs qui ignorent souvent les liens entre leurs pratiques et les rejets de gaz à effet de serre dans l'atmosphère. L'intensification écologique de l'agriculture peut déboucher sur des systèmes agricoles qui stockent le carbone dans le sol, ayant un impact sur le risque climatique similaire à celui des bâtiments « à énergie positive », qui sont capables de produire plus d'énergie qu'ils n'en consomment.

Réduire sa consommation de viande, notamment de bœuf, présente un intérêt pour limiter les émissions de gaz à effet de serre. Reste que tout prosélytisme basé sur le changement climatique risque de heurter plutôt que de convaincre, alors que le poids de la culture et des images sociales de la réussite reste prégnant. En revanche, inciter à limiter la consommation de viande rouge se justifie sous l'angle nutritionnel et pour économiser des ressources agricoles. Une question cruciale est également de savoir comment les agriculteurs et les éleveurs pourront s'adapter à ces changements en progressant vers des systèmes de production écologiquement intensifs, conciliant renforcement de l'offre agricole et réduction drastique des émissions de gaz à effet de serre.

Combien de gaz à effet de serre dans nos assiettes ?

Chaque aliment entraîne pour sa production des émissions de gaz à effet de serre. Ces émissions peuvent néanmoins varier grandement selon quatre facteurs :

– les choix de production agricole : en particulier les émissions augmentent avec l'utilisation de combustibles fossiles (engins agricoles, chauffage des serres, fabrication des engrais de synthèse...) et l'épandage d'engrais chimiques ou biologiques. L'élevage de ruminants conduit, comme on l'a vu, à des émissions de méthane.

– la transformation des aliments pour assurer leur conservation : faire chauffer ou au contraire refroidir les aliments consomme de l'énergie, tout comme la fabrication puis le retraitement des emballages (bouteilles et sachets plastiques, cannettes, etc.). Conserver au froid nécessite également beaucoup d'énergie lors du transport et du stockage. Certains liquides frigorigènes s'avèrent par ailleurs être des gaz à effets de serre puissants : les gaz fluorés HFC ont ainsi un pouvoir de réchauffement 120 à 14 800 fois plus élevé que le CO_2 !

– le transport : le fret aérien dédié émet 20 à 50 fois plus de gaz à effet de serre que le fret ferroviaire, le transport de marchandises par la route 2 à 9 fois plus. Sur les très longues distances, le transport par bateau est, de loin, le moins émetteur.

– utilisation et fin de vie : l'énergie utilisée pour la cuisson et la réfrigération représente un cinquième de la consommation des ménages. Par ailleurs le transport et le traitement (décharge, incinération...) des déchets alimentaires, qui représentent environ un quart des déchets, sont émetteurs de gaz à effet de serre.

Les deux exemples ci-dessous illustrent les impacts des choix d'alimentation sur les émissions de gaz à effet de serre d'un repas, selon le type, l'origine, le mode de transport et de conservation des aliments.

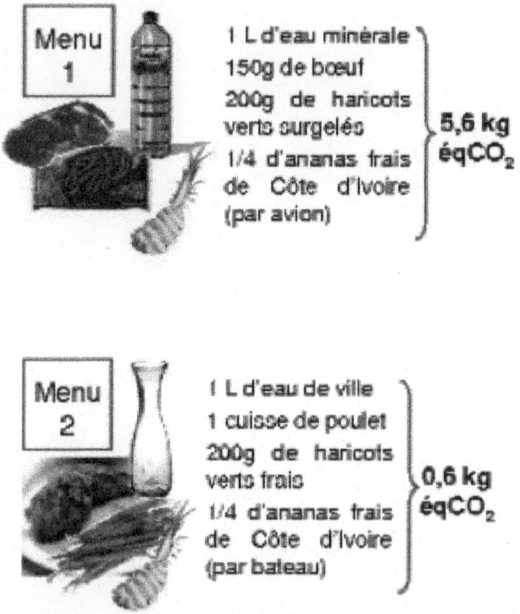

Source : auteurs, à partir des facteurs d'émissions conventionnels du bilan carbone de l'ADEME.

Anaïs Delbosc & Christian de Perthuis

« Un nouvel accord climatique est impossible. »

Nous recherchons des changements radicaux mais nécessaires au beau milieu d'une récession mondiale, dans laquelle la priorité la plus immédiate de chaque nation est de raviver son économie et de remettre son peuple au travail.

Barack Obama, sommet sur le changement climatique de l'ONU, 22 septembre 2009

L'année 2009 aurait dû marquer l'aboutissement du processus de négociation d'un nouvel accord climatique international faisant suite au protocole de Kyoto*. Aux difficultés attendues de l'exercice s'est cependant ajoutée une invitée de dernière minute fort encombrante : la crise financière, en se transformant en crise économique majeure, a fortement limité le volontarisme des pays pour s'attaquer au réchauffement du climat. Comme l'avait souligné le président américain quelques mois auparavant, la priorité numéro un des gouvernements était devenue le relèvement de l'économie et le renflouement des caisses publiques mises à mal par les plans de relance. Considérée par beaucoup comme un problème de longue haleine, la lutte contre le changement climatique est alors passée au second plan.

En décembre 2009, après deux semaines de négociations dont les derniers jours ont rassemblé un nombre inhabituel de ministres et chefs d'états, le sommet de Copenhague n'a pu aboutir qu'à un accord politique de quelques pages. Même réduit à une portion congrue, cet « accord de Copenhague » entre les principaux pays émetteurs était inespéré tant les dissensions entre pays développés et en développement étaient grandes. Ce n'est qu'un an après, lors du sommet de Cancún au Mexique que les principes de l'accord de Copenhague ont été formellement intégrés dans le cadre de la Convention Climat.

Ces accords, qui portent sur la période 2013-2020, marquent la fin de ce qu'on pourrait appeler « l'ère Kyoto » dont ils diffèrent par trois points essentiels : les engagements de réduction d'émissions ne sont pas juridiquement contraignants en n'étant soumis à aucune sanction internationale en cas d'échec ; ils n'y sont plus formulés de façon homogène et facilement vérifiable mais correspondent à des engagements établis par chaque pays indépendamment ; ils ne sont pas associés à des instruments économiques *ad hoc.*

– Une première caractéristique des engagements post-2012 pris à la suite des accords de Copenhague-Cancún est qu'ils ne sont pas juridiquement contraignants contrairement à ceux de Kyoto. Cette limite, souvent pointée du doigt, est à relativiser. Aucun gendarme international n'existe pour forcer un pays à respecter ses engagements de réduction d'émissions. Même dans le cadre du protocole de Kyoto, les sanctions sont en réalité parfaitement symboliques. Elles n'ont pas empêché par exemple le Canada d'annoncer d'abord qu'il outrepasserait largement ses objectifs d'émissions, puis, en décembre 2011, qu'il se retirait formellement du protocole de Kyoto. Quel que soit le caractère juridique d'un accord climatique international, sa mise en œuvre dépend avant tout des incitations qu'il crée *via* les instruments économiques associés.

– C'est notamment grâce à l'existence de tels outils économiques que la négociation du protocole de Kyoto en 1997 avait permis d'aboutir à un jeu homogène de cibles de réduction d'émissions pour les pays de l'Annexe B* : même période d'engagement (2008-2012), règles harmonisées de comptabilisation des émissions, année de référence commune (1990). L'accord de Copenhague a élargi en 2009 le système d'engagement aux pays en développement, et en particulier aux pays émergents menés par la Chine, l'Inde et le Brésil. Cette avancée majeure a été confirmée en 2011 à Durban quand les grands émergents ont accepté le principe de discuter d'un nouvel accord international contraignant, dans lequel ils seraient amenés à limiter leurs émissions, à compter de 2020. Mais d'ici là, chaque pays a lui-même choisi son objectif de réduction d'émissions pour 2020, sans forcément retenir le même périmètre ou la même année de référence que ses pairs. Cette méthode a abouti à un jeu disparate d'engagements qui ne permet pas de mettre les trajectoires d'émissions de gaz à effet de serre* dans le monde en phase avec l'objectif de limiter le réchauffement moyen à 2 °C. Et ce d'autant plus que les engagements chiffrés au-delà de 2020 commencent à peine à être transmis au secrétariat de la Convention Climat, à la veille de la conférence de Paris de décembre 2015. Autant dire qu'en matière d'engagements de réduction des émissions nous sommes aujourd'hui au milieu du gué : un premier pas a été fait mais la distance est encore longue à parcourir pour aligner les engagements effectifs sur les objectifs affichés.

– Les décisions prises au sommet de Durban vont-elles permettre de passer à la vitesse supérieure ? En l'état actuel des institutions multilatérales, aucune autorité supranationale ne peut exercer de pression sur les différents gouvernements pour accroître leur volontarisme. Il faut donc trouver un système d'incitations permettant de rendre attractives les politiques de réduction d'émissions par les grands pays émetteurs, alors que le coût des politiques climatiques leur semble à l'heure actuelle dissuasif.

La grande innovation de Kyoto avait été de coupler le système d'engagement des pays à la création d'un marché mondial du carbone comportant deux piliers : un système d'échange de quotas d'émissions entre les pays développés sur la période 2008-2012, qui devait permettre l'émergence d'un prix mondial du carbone ; un marché des mécanismes de projet qui permettait de délivrer des crédits carbone utilisables pour l'atteinte des objectifs des pays développés. La clef de voûte du dispositif est constituée des engagements de réduction des pays développés, qui devaient créer un plafond d'émissions et un prix du carbone incitant à la recherche de réduction d'émissions à plus bas coût, y compris dans les pays en développement.

La mise en œuvre s'est heurtée à un problème de fond : à la suite du retrait américain, de la fixation trop laxiste des plafonds d'émissions des pays de l'ex-bloc soviétique et du dérapage des émissions canadiennes, les engagements pris à Kyoto n'ont jamais permis de faire émerger un réel marché international des droits d'émission entre pays. Le seul marché qui a pu émerger est celui des crédits issus des mécanismes de projet qui ont été autorisés comme instruments de conformité par l'Union européenne et le Japon dans le cadre de leurs propres politiques climatiques. Ainsi les crédits générés par le Mécanisme pour un développement propre (MDP)* et par la Mise en œuvre conjointe (MOC)*, les deux mécanismes de projet issus du protocole de Kyoto, peuvent être utilisés sur le système européen d'échange de quotas de CO_2*. Mais il est rapidement apparu que les engagements européens et japonais sont loin de pouvoir assurer un débouché à l'ensemble des crédits résultant de la mise en œuvre des projets.

Face à cette impasse, les accords de Copenhague-Cancún ont remis au goût du jour une logique subventionnelle : la contrepartie des nouveaux engagements des pays émergents devrait être la levée de ressources financières par les pays développés afin de financer des politiques climatiques dans les pays en développement. Le montant total des promesses faites par les pays développés s'est établie à 30 milliards de dollars pour la seule période 2010-2012, les flux annuels de financement devant atteindre 100 milliards de dollars d'ici 2020. Ces promesses courent toujours, et le sommet de Durban a même acté le mode de gouvernance d'un « Fonds vert pour le climat » destiné à canaliser ces financements, mais sans avancer sur son abondement. À la mi-2015, un peu plus de 10 milliards de dollars avaient été promis au Fonds Vert, par 33 pays, sous la forme de dons, de prêts ou de dispositifs de caution. Cet abondement réduit par rapport à l'ambition initiale reflète l'impossibilité d'engager les pays dans un dispositif contraignant, malgré de nombreuses pistes évoquées : des instruments fiscaux tels que les taxes carbone sur les transports internationaux, mais aussi des instruments financiers tels que les revenus d'enchères de quotas sur des marchés du carbone existants ou à venir, ou encore des dispositifs de prêts bonifiés pour des investissements « verts ». La question de fond reste donc celle de l'avenir d'instruments économiques incitatifs liés à la tarification du carbone, qui puissent attirer des financements publics mais aussi des investissements privés.

Sous cet angle, les sommets de Durban et Doha ont été le fruit d'un compromis de dernière minute qui ouvre potentiellement de nouvelles pistes de financements mais risque de buter sur un grave malentendu : les mécanismes de l'économie du carbone ne pourront pas fonctionner au plan international tant que n'aura pas été élargi le système d'engagement.

Le prolongement du protocole de Kyoto a été acté avec une seconde période d'engagement de 2013 à 2020. La reconduction du protocole de Kyoto était une revendication majeure des pays en développement pour qui elle donne la possibilité d'encaisser des recettes au titre du MDP sans participer au système d'engagement de réduction d'émissions. Du côté des pays développés, elle était soutenue par l'Union européenne qui a déjà mis en place un dispositif pour réduire ses émissions d'ici 2020. Formellement, la décision actée à Durban de prolonger le protocole de Kyoto assure la pérennité des outils économiques. Mais cette avancée est assez illusoire car elle exclut de fait les pays développés – États-Unis, Canada, Japon et Russie – qui refusent de prendre tout nouvel engagement n'impliquant pas les grands pays émergents. Les émissions concernées par les engagements de la seconde période couverte par le protocole de Kyoto vont donc se réduire comme peau de chagrin – à peine plus de 10 % des émissions mondiales – et le prix des crédits carbone avec. Car qui va acheter ces crédits ? L'Europe et le Japon seront moins demandeurs, du fait de la préférence donnée aux réductions d'émissions sur leur territoire ou *via* des accords bilatéraux. Et ce ne sera pas la Nouvelle-Zélande, seul autre pays industrialisé à l'heure actuelle à avoir annoncé l'utilisation de crédits carbone dans le cadre de sa politique climatique, qui permettra de maintenir une incitation suffisante au développement de projets de réductions d'émissions dans le cadre de Kyoto. Dans ce contexte, le concept d'un mécanisme de projet à grande échelle (par secteur ou sur l'ensemble d'un pays) également discuté à Durban reste virtuel en l'absence de nouveaux engagements avant 2020.

C'est ici qu'intervient le second pilier des décisions prises à Durban. En échange de la prolongation du protocole de Kyoto, les grands pays émergents, Chine, Inde, Brésil, ont accepté d'entrer dans un processus de négociation également rejoint par les États-Unis, la Russie et le Canada. Ce processus doit aboutir à un accord en décembre 2015 au sommet de Paris. Il portera sur des engagements de réduction d'émissions commençant en 2020, couvrant aussi bien les émissions des pays développés que celles des pays en développement. Cet engagement ne sera pas purement déclaratif, mais sa forme légale exacte reste à déterminer. Il doit également prévoir des instruments incitatifs, notamment des instruments de marché, dont la forme exacte reste encore à déterminer. Ce mandat de négociation est nettement plus précis que ne l'était la feuille de route de Bali en décembre 2007 sur laquelle s'étaient initialement accordés les pays pour préparer l'après Kyoto.

Forme légale, ambition des engagements et outils économiques disponibles : ce triptyque est à la base de la diplomatie climatique. Le protocole de Kyoto intégrait ces trois dimensions mais restreignait le champ des engagements à un nombre limité de pays développés. Les sommets de Copenhague et de Cancún ont dissocié les trois bases du triptyque. Le compromis trouvé à Durban porte en germe une nouvelle combinaison plus ambitieuse : il préserve des instruments économiques issus du protocole de Kyoto qui peuvent être demain remis en action ; il met tous les grands acteurs autour de la table de négociation pour un système cohérent d'engagements ; il affirme vouloir inscrire le futur accord climatique dans le droit international. Pour que cette promesse d'un nouvel accord international se concrétise à Paris en décembre 2015, il faudra construire un système d'incitations économiques qui le rende attractif pour des pays aux conditions économiques et sociales très variées. À l'évidence, ceci passe par des transferts de ressources des pays développés vers les pays en développement, notamment au travers du Fonds vert climatique, pour l'instant insuffisamment financé. De longues sessions de négociation s'annoncent…

Anaïs Delbosc & Christian de Perthuis

Annexes

Glossaire

°K : le degré Kelvin (°K) est l'unité de température absolue. La correspondance avec les degrés Celsius (°C) s'obtient en ajoutant 273,15 aux températures mesurées dans cette unité. Ainsi, la température d'ébullition de l'eau (100 °C) vaut 373,15 °K.

Agence internationale de l'énergie (AIE) : organe autonome fondé en 1974 après le premier choc pétrolier. Son action se concentre sur quatre domaines : la sécurité énergétique, le développement économique, la sensibilisation à l'environnement et l'implication au niveau mondial pour la production d'une énergie propre, sûre et accessible pour ses 28 pays membres et pour les pays non-membres.

Albédo : fraction du rayonnement réfléchie par un objet, une surface.

Annexe B : annexe du protocole de Kyoto qui précise les pays ayant un engagement de réduction ou de limitation de leurs émissions de gaz à effet de serre sur la période 2008-2012 par rapport à leur année de référence (en général 1990).

Bien commun : bien collectif indivisible produit par la nature et n'appartenant à personne en particulier, tout en profitant à chacun (l'air, la couche d'ozone, l'eau, le soleil, etc.).

Bilan radiatif : différence entre le rayonnement solaire incident et le rayonnement sortant.

Biodiversité : Notion complexe qui représente la diversité des espèces vivantes, dont les indicateurs peuvent être nombreux. On simplifiera en distinguant : la diversité génétique au sein d'une espèce, la diversité en espèces d'un écosystème et la diversité en écosystèmes d'un paysage ou d'un écosystème plus vaste. Elle s'apprécie en considérant cette diversité dans l'espace et dans le temps. Dans un territoire donné, on peut la mesurer par le nombre d'espèces présentes (richesse spécifique), mais comme il peut y avoir dans un écosystème des espèces dominantes, on établit parfois des indices tenant compte de l'abondance relative de chacune des espèces.

Conférence des parties (COP en anglais pour *Conference of the Parties*) : réunion annuelle des états signataires de la Convention-cadre des Nations unies sur les changements climatiques (CCNUCC) au cours de laquelle sont négociées les évolutions de la politique climatique internationale.

Convention-cadre des Nations unies sur les changements climatiques (CCNUCC ou UNFCCC en anglais pour *United Nations Framework Convention on Climate Change*) : signée au sommet de la Terre à Rio en 1992 par la plupart des pays, cette convention reconnaît la réalité du changement climatique, propose de prévenir toute interférence humaine sur le climat et stipule la responsabilité commune mais différenciée des pays.

Espèce amphihaline : qualifie une espèce dont une partie du cycle biologique se fait en mer et une autre partie en rivière. C'est le cas par exemple du saumon atlantique, de l'esturgeon ou de l'anguille.

Chaîne trophique : une chaîne trophique ou chaîne alimentaire décrit la succession d'êtres vivants dans laquelle chacun se nourrit de celui qui le précède. Classiquement une chaîne trophique comprend un producteur primaire (algue ou végétal), un ou des consommateurs primaires (herbivores, phytophages), des consommateurs secondaires (carnivores) et des grands prédateurs.

Cycle de l'eau : circulation générale planétaire de l'eau, en changeant d'état, suivant un circuit globalement fermé, entre l'océan, l'atmosphère et les continents, dont le moteur est le rayonnement solaire.

Efficacité énergétique : optimisation de la consommation d'énergie à service rendu égal.

Équivalent CO_2 (noté CO_2éq.) : méthode d'agrégation des émissions de gaz à effet de serre qui pondère la quantité de chaque gaz par son pouvoir de réchauffement relativement à celui du CO_2.

Énergies fossiles : énergies contenues dans les combustibles fossiles formés par la fossilisation progressive au cours des temps géologiques de matières végétales (pétrole, gaz naturel et charbon).

Énergies renouvelables : énergies dont le gisement se reconstitue à un rythme au moins égal à celui de la consommation (énergies d'origine solaire, éolienne, hydraulique, géothermique). Lorsqu'elle provient de végétaux qui sont renouvelés, la biomasse fait partie des énergies renouvelables.

EPR : réacteur à eau pressurisée *(European Pressurized Reactor)*, mis au point par l'industriel français Areva. Un EPR d'une puissance électrique type d'un gigawatt électrique a une durée de vie de 40 ans environ et produit chaque année environ 30 tonnes de combustibles irradiés.

Espèce commensale : se dit d'une espèce animale ou végétale qui profite d'une autre espèce pour son alimentation sans causer préjudice à cette dernière (contrairement à une espèce parasite). En ville, rats et pigeons sont commensaux de l'homme.

Espèce endémique : une espèce endémique est une espèce qui a une distribution géographique limitée, qui ne vit que dans une région donnée.

Gaz à effet de serre : constituants gazeux de l'atmosphère, tant naturels qu'anthropiques, qui absorbent et réémettent le rayonnement infrarouge vers la Terre, augmentant ainsi la température terrestre par effet de serre.

Groupe intergouvernemental d'experts sur l'évolution du climat (GIEC ou IPCC en anglais pour *Intergovernmental Panel on Climate Change*) : groupe de recherche piloté par l'Organisation météorologique mondiale et le PNUE (Programme des Nations unies pour l'environnement), chargé d'organiser la synthèse des travaux scientifiques sur le changement climatique.

Infrarouge : rayonnement électromagnétique de longueur d'onde comprise entre 0,8 micron et 1 centimètre.

Intrants : terme général désignant les produits nécessaires au fonctionnement de l'exploitation agricole que celle-ci doit se procurer à l'extérieur. Peuvent en faire partie les engrais, les produits phytosanitaires, les aliments pour animaux etc.

Légumineuses : famille de végétaux de grande importance qui présente la particularité d'être capable de fixer l'azote atmosphérique et qui ne nécessite donc pas d'engrais azotés. Elles sont source de protéines végétales pour l'alimentation animale ou humaine, et de matières grasses. En font partie la fève, le haricot, le pois, la lentille, l'arachide, le soja, la luzerne, le trèfle, le lupin.

Mécanisme pour un développement propre (MDP ou CDM en anglais pour *Clean Development Mechanism*) : instauré par l'article 12 du protocole de Kyoto, le MDP vise à réaliser des projets de réduction d'émissions dans des pays en développement (hors Annexe B). Le développeur du projet obtient un crédit carbone pour chaque tonne d'émission de gaz à effet de serre évitée.

Mise en œuvre conjointe (MOC ou JI en anglais pour *Joint Implementation*) : instaurée par l'article 6 du protocole de Kyoto, la MOC promeut des projets de réduction d'émissions dans les pays développés (de l'Annexe B). Le développeur du projet obtient un crédit carbone pour chaque tonne d'émission de gaz à effet de serre évitée.

Ozone : gaz formé de trois atomes d'oxygène, présent dans l'atmosphère en quantités infimes. Dans la haute atmosphère, il intercepte les rayons ultraviolets nocifs. Dans la basse atmosphère, il participe à la pollution urbaine.

Produit intérieur brut (PIB) : mesure de la richesse créée par un pays.

Produit phytosanitaire : substance destinée à protéger les végétaux cultivés de leurs « ennemis » considérés comme nuisibles (parasites, insectes, champignons, bactéries, virus, plantes concurrentes etc.). On parle aussi de produits de protection des plantes, ou de produits phytopharmaceutiques, ou de pesticides. En font partie les herbicides, les insecticides, les fongicides, les bactéricides...). Ils peuvent être d'origine naturelle ou de synthèse.

Paquet énergie-climat : ensemble de 6 textes européens adoptés en avril 2009 visant à atteindre les objectifs européens de -20 % d'émissions de gaz à effet de serre par rapport à 1990, d'utilisation de 20 % d'énergies renouvelables dans la consommation d'énergie et d'amélioration de 20 % de l'efficacité énergétique d'ici à 2020.

Protocole de Kyoto : accord international signé en 1997 et ratifié en 2005 qui engage 39 pays développés à réduire leurs émissions de 5 % en moyenne entre 1990 et la période 2008-2012.

Séquestration et stockage de carbone : ensemble de dispositifs visant à empêcher le gaz carbonique de se répandre ou de rester dans l'atmosphère. On peut grâce à des filtres capter le gaz carbonique à la sortie d'un procédé industriel, puis le stocker par exemple en profondeur. On peut aussi compter sur la croissance des végétaux (dont la forêt) puisqu'ils s'en nourrissent naturellement par la photosynthèse. Les océans sont aussi des lieux de stockage (ou puits) de carbone.

Spectre d'émission : représentation du rayonnement d'un corps en fonction de sa longueur d'onde.

Système déterministe ou aléatoire : les systèmes déterministes sont des systèmes régis par des lois mathématiques dont on peut prévoir exactement l'évolution dans le temps. Dans les systèmes aléatoires (ou stochastiques), il y a, au contraire, une part de hasard. C'est le cas pour les écosystèmes qui sont caractérisés par une variabilité spatiale et temporelle, et pour lesquels des perturbations peuvent modifier la trajectoire temporelle, rendant la prévision difficile.

Système européen d'échange de quotas de CO_2 : plafonnement des émissions mis en place en 2005 en Europe pour les plus grands sites industriels émetteurs de CO_2. Le plafond se matérialise par l'allocation annuelle de quotas d'émissions échangeables sur un marché.

Pour aller plus loin

Ouvrages

– Béatrice Angrand et Aurélie Marx, *L'Allemagne*, 2009.
– Stéphanie Balme, *La Tentation de la Chine*, 2013.
– Jean-Louis Buër, *La Russie*, 2007.
– Olivier Dabène (dir.), *L'Amérique latine*, 2009.
– Christophe David et Michel Guglielmi, *Le Bio : qu'y a-t-il (vraiment) dans notre assiette ?*, 2011.
– Anaïs Delbosc et Christian de Perthuis, *Et si le changement climatique nous aidait à sortir de la crise ?*, 2012.
– Ariane de Dominicis, *Les Biocarburants*, 2011.
– Richard-Emmanuel Eastes, *Vers une agriculture choisie*, 2010.
– Jean-Louis Fellous, *Le Climat*, 2005.
– Christian Lévêque, *La Nature en débat*, 2011.
– Jean Margat et Vazken Andréassian, *L'Eau*, 2008.
– Francis Meunier, *Les Énergies renouvelables*, 2010.
– Jacques Portes, *Le Paradoxe américain*, 2011.
– Philippe Pelletier, *La Fascination du Japon*, 2015.
– Assen Slim, *Le Développement durable*, 2007.

Sites internet

– Agence internationale de l'énergie (AIE)
http://www.iea.org/
– Agence de l'environnement et de la maîtrise de l'énergie (ADEME)
http://www.ademe.fr/
– Agence européenne pour l'environnement (AEE)
http://www.eea.europa.eu/fr

– Groupe intergouvernemental d'experts sur l'évolution du climat (GIEC)
http://www.ipcc.ch/
– Ministère de l'Écologie, du Développement Durable et de l'Énergie (MEDDE)
http://www.developpement-durable.gouv.fr/

Ont participé à cet ouvrage :

Andréassian, Vazken – Il est hydrologue, il travaille à l'Institut national de recherche en sciences et technologies pour l'environnement et l'agriculture (Irstea), où il est Directeur Adjoint Scientifique en charge des activités des recherche en hydrologie et hydraulique.

Angrand, Béatrice – Près de dix ans conseillère pour les relations franco-allemandes à la présidence d'ARTE, elle est Secrétaire générale de l'Office franco-allemand pour la Jeunesse depuis 2009.

Balme, Stéphanie – Elle est chercheur à Sciences Po (CERI), responsable du programme « Droit, justice et société en Chine » et professeur à l'école des Affaires internationales (PSIA) de Sciences Po.

Buër, Jean-Louis – Ancien élève de l'ENA, Inspecteur Général de l'Agriculture, au ministère chargé de l'Agriculture et de la Pêche, Il a exercé dans plusieurs cabinets ministériels, été directeur général de l'enseignement et de la recherche dans ce ministère et directeur de l'Institut national de l'origine et de la qualité (INAO), conseiller agricole à l'ambassade de France à Moscou, et directeur adjoint de l'Office national des vins. Il est actuellement conseiller agricole à l'ambassade de France à Varsovie.

Claval, Paul – Professeur émérite à l'université de Paris-Sorbonne, il est un spécialiste de l'histoire et de l'épistémologie de la géographie. Il travaille sur le Brésil depuis vingt-cinq ans.

Dabène, Olivier – Il est professeur des universités à Sciences Po où il dirige les programmes latino-américains et préside l'Observatoire politique de l'Amérique latine et des Caraïbes (OPALC).

David, Christophe – Docteur en agronomie, il est directeur exécutif de l'ISARA-Lyon. Il développe depuis plus de vingt ans des travaux de recherche sur les céréales biologiques et a publié avec plusieurs collègues divers articles sur l'agriculture biologique. Il est membre du comité éditorial de la revue *Organic Agriculture* (Springler).

Delbosc, Anaïs – Elle est ingénieure agronome, spécialisée en économie de l'environnement et de l'énergie.

Dominicis (de), Ariane – Ingénieur, économiste et spécialiste du changement climatique et de l'environnement, elle est administratrice à la Commission européenne où elle a travaillé pendant plusieurs années sur le thème des biocarburants.

Eastes, Richard-Emmanuel – Agrégé de chimie, Docteur en sciences de l'éducation et en philosophie, fondateur du groupe Traces et de l'association Les Atomes Crochus. Après une première carrière à l'École normale supérieure à Paris, il vit désormais en Suisse où il développe des projets autour de la créativité, de l'éducation et de la culture scientifique.

Fellous, Jean-Louis – De formation physicien de l'atmosphère, il a été responsable du satellite océanographique franco-américain TOPEX/Poséidon lancé en 1992. Il a dirigé les programmes d'observation de la Terre du CNES jusqu'en 2001, puis les recherches océaniques de l'Ifremer jusqu'en 2005. Mis à disposition par le CNES auprès de l'Agence spatiale européenne, il a exercé la fonction de Secrétaire Exécutif du Comité mondial des satellites d'observation de la Terre (CEOS) jusqu'à la fin de l'année 2007. Il est depuis janvier 2008 le Directeur Exécutif du COSPAR (Comité mondial de la recherche spatiale).

Guglielmi, Michel – Ingénieur agronome, agroéconomiste, il est professeur d'économie à l'ISARA-Lyon (école d'ingénieurs en alimentation, agriculture, environnement, développement rural) où il enseigne la Politique agricole européenne et les échanges internationaux et anime une formation de responsables agricoles. Il a dirigé cette école de 2000 à 2009.

Lévêque, Christian – Docteur ès sciences et directeur de recherche émérite de l'Institut de recherche pour le développement (IRD-ex ORSTOM), il a effectué une partie de sa carrière en Afrique. Il a participé à plusieurs programmes internationaux dont le « Global Biodiversity Assessment » et le « Millennium Ecosystem Assessment ». Il a dirigé le programme « Environnement, vie et Sociétés » du CNRS, présidé le comité scientifique du Groupement d'intérêt public Seine-Aval, et participe actuellement au conseil scientifique des agences de l'eau Seine-Normandie et Rhône-Méditerranée. Président honoraire de l'Académie d'agriculture il est membre de l'Académie des sciences d'outre-mer.

Margat, Jean – Il est hydrogéologue. Entre 1960 et 1990, il a animé et conseillé les études et recherches sur les eaux souterraines du Bureau de recherches géologiques et minières (BRGM). Il se consacre depuis, comme expert auprès d'organisations internationales (FAO, UNESCO...), à l'évaluation et à la gestion des ressources mondiales en eau.

Marx, Aurélie – Normalienne, agrégée d'allemand, diplomée d'un master de journalisme franco-allemand, chargée de mission auprès du président d'ARTE pendant 6 ans, elle est actuellement responsable de l'offre thématique en ligne ARTE Future.

Meunier, Francis – Il est titulaire émérite de la chaire de physique du froid au CNAM et directeur honoraire de l'Institut du froid industriel.

Pelletier, Philippe – Docteur en géographie, il est habilité à diriger des recherches, diplômé en Langue et Civilisation japonaises et professeur à l'université Lyon-2.

Perthuis (de), Christian – Professeur d'économie à l'université Paris-Dauphine, il consacre ses recherches à l'économie du climat et à la croissance verte. Il est co-directeur du master Énergie-Finance-Carbone et anime la Chaire Économie du Climat de l'université Paris-Dauphine.

Portes, Jacques – Il est professeur d'histoire de l'Amérique du Nord à l'université Paris VIII et membre de l'équipe CENA, CNRS-EHESS, UMR 8168-MASCIPO. Ses recherches portent sur la culture de masse et la démocratie américaines au XXe siècle, ainsi que sur les relations politiques et culturelles entre la France et le Québec.

Slim, Assen – Docteur en économie, diplômé de l'université de Paris I (Panthéon-Sorbonne), il est maître de conférences HDR en économie à l'Institut national des langues et civilisations orientales (Langues'O). Il mène des recherches dans les domaines de l'intégration économique, de la transition et du développement, et participe aux travaux du Credo (ESSCA) et du Cemi (EHESS).

Éditeur : Marie-Laurence Dubray
Remerciements de l'Éditeur à : Anne-Laure Marsaleix

www.lecavalierbleu.com

Crédits photos couverture :

Couverture : © Mademoiselle - annbordenave@yahoo.fr
Imprimé en France par CPI Firmin Didot en octobre 2015. (129902)
ISBN 978-2-84670-714-5 / Dépôt légal : octobre 2015
ISSN 1964-700X